Martina Flocken

Naturapotheke Hund

Salben, Balsame, Tinkturen, Tees & Co. selbst herstellen

Konrad-Zuse-Straße 3, D-54552 Nerdlen / Daun
Telefon: 06592 957389-0
Kontakt: info@kynos-verlag.de
www.kynos-verlag.de

Grafik & Layout: Kynos Verlag

Gedruckt in Lettland

1. Auflage 2026
ISBN 978-3-95464-353-0

Bildnachweis: Titelbild und alle Bilder innen von Tierfotografie Anna Auerbach außer stock-adobe.com:
S. 22 O.Riepe; S. 23 mica; S. 94 Pixelot; S. 153 visuals-and-concepts, S. 177 Karin Jähne;
S. 188 FabianJakobi; S. 209 Candra; S. 210 ilena_bt

KYNOS STIFTUNG

Mit dem Kauf dieses Buches unterstützt du die
Kynos Stiftung Hunde helfen Menschen
www.kynos-stiftung.de

Inhaltsverzeichnis

Für Tessa

Vorwort

Die Natur bietet uns vielfältige Möglichkeiten, unsere Hunde auf natürliche Weise zu begleiten und gesundheitlich zu unterstützen.

Wie schon Sebastian Kneipp sagte: *„Die Natur ist die beste Apotheke".*

Sei es bei Erkrankungen oder auch zur Gesundheitsvorsorge – wir können aus dem Vollen schöpfen. Die Unterstützung des Organismus mit Pflanzen ist so alt wie die Menschheit selbst. Wir wissen mittlerweile, dass Wildtiere zum Beispiel selbst Kräuter auswählen und zu sich nehmen, wenn sie Beschwerden haben, wie etwa Verdauungsprobleme, oder sich in Pflanzen wälzen, an Baumrinden reiben, wenn sie Verletzungen haben. Auch bei unseren Hunden und Katzen können wir dieses Verhalten beobachten, wenn sie zum Beispiel Gras fressen, um den Magen zu beruhigen. Dies bezeichnet man als Zoopharmakognosie. Sie bezeichnet das Verhalten von Tieren, gezielt Pflanzen, Erde, Mineralien oder andere natürliche Stoffe aufzunehmen, um Krankheiten zu verhindern oder zu behandeln – also eine Art Selbstmedikation.

Umso mehr freue ich mich, dass sich die Menschen nun wieder auf dieses althergebrachte Wissen besinnen und auch ihre Hunde mit Kräutern ihren gesundheitlichen Bedürfnissen entsprechend begleiten.

Was mich an der Naturheilkunde besonders begeistert, ist die Tatsache, dass sie nicht rein in der Behandlung von Erkrankungen ansetzt, sondern auch die Vorbeugung von Erkrankungen und die Gesunderhaltung des Organismus berücksichtigt. Pflanzen verfügen über eine Fülle an sekundären Pflanzeninhaltsstoffen, die wir vielfältig einsetzen können.

Meine Hündin Tessa begleite ich nun schon seit vielen Jahren mit Kräutern, aber auch Vitalpilzen, sowohl zur Prävention als auch zur Unterstützung bei zum Beispiel ihrer Niereninsuffizienz, zur Verzögerung des Alterungsprozesses, stärke ihr Herz, aber auch den Bewegungsapparat und die Gehirnfunktion.

Doch auch bei kleinen Verletzungen, die im Alltag entstehen können, greife ich gern zu natürlichen Mitteln. Mir geht es nicht darum, dazu zu animieren, auf eigene Faust zu „therapieren", sondern zu begleiten und zu unterstützen.

Eine wunderbare Art, Pflanzen – ganz gleich, ob frisch selbst gesammelt oder bereits getrocknet gekauft – weiterzuverarbeiten und haltbar zu machen und innerlich sowie äußerlich zu verabreichen, ist beispielsweise mittels Tinkturen, Ölauszügen, Salben, Balsamen oder Cremes.

Diese kannst auch du als interessierter Hundemensch selbst herstellen. Das Wissen hierzu möchte ich dir gern an die Hand geben. Was du brauchst, ist neben einigen Utensilien aus deiner Küche, Kräutern und den Zutaten zur Herstellung der Zubereitungen vor allem das Wissen, welche Pflanze bei welchen Anwendungsgebieten helfen kann, aber auch, wann sie nicht verabreicht werden darf. Denn allzu oft werden Kräuter benutzt, ohne zu bedenken, dass auch sie Gegenanzeigen haben können. Hier möchte ich dir fundiertes Wissen an die Hand geben und damit auch Sicherheit in der Anwendung bei deinem Hund.

Du erfährst im Buch auch, wie die Kräuter wirken und welche Pflanzenteile bei den jeweiligen Zubereitungen verwendet werden.

Kräuter kannst du bereits getrocknet kaufen, aber viele auch selbst sammeln oder selbst im Garten anbauen. Daher wirst du im Buch auch erfahren, wann du welche Kräuter sammelst und wie du sie richtig weiterverarbeitest.

Mir liegt es am Herzen, dass Dinge unkompliziert umzusetzen sind. Daher findest du eine große Auswahl an einfach herzustellenden Rezepten, die deinen Hund wirkungsvoll begleiten und unterstützen. Natürlich gibt es unglaublich viele verschiedene Kräuter. Ich selbst entdecke immer wieder neue. Dennoch wirst du in diesem Buch immer auch wiederkehrend Pflanzen finden, die du eventuell schon an anderer Stelle zur Begleitung einer anderen Erkrankung gesehen hast.

Da viele Pflanzen breite Einsatzmöglichkeiten haben, nutzen wir genau dies, und es ist gerade für den interessierten Hundemenschen einfacher, sich auf eine gewisse Auswahl gängiger Pflanzen zu konzentrieren und diese gut zu kennen. Wir halten die Dinge einfach und damit auch im Alltag umsetzbar, ohne Kräuterexperte sein zu müssen.

Bei mir begann es seinerzeit mit einer Ringelblumensalbe, die ich selbst herstellte und ganz beseelt war vom einfachen Herstellungsprozess und dem wunderbaren, wirkungsvollen Ergebnis. Auch heute noch macht es mir unglaublich viel Freude, Kräuter selbst zu sammeln oder auch anzubauen, sie zu ernten und weiterzuverarbeiten. Ein Prozess, der sehr erfüllend ist. Und schlussendlich weiß man genau, was sich im hergestellten Produkt befindet.

Was mich an Salben, Auszügen und Cremes auch begeistert, ist, dass wir hier zusätzlich noch von der Kraft der Berührung profitieren, da sie sorgsam aufgetragen und eingerieben werden. Der Berührungssinn wird angesprochen, die Zuwendung, Fürsorge und Nähe tun unseren Hunden gut.

Ich wünsche dir viel Freude mit diesem Buch und hoffe, deine Begeisterung wecken zu können, die Welt der Pflanzen zu entdecken und Salben, Cremes, Balsame, Tinkturen, Tees und vieles mehr selbst herzustellen.

Alles Liebe, Martina

Für mich ganz besondere Momente, wenn ich mit Tessa an meiner Seite Kräuter zubereiten darf, mit denen ich danach ihre Gesundheit unterstützen kann.

Wichtiger Hinweis!

Das Buch ersetzt keinen Besuch beim Tierarzt oder die Behandlung durch einen Therapeuten, und ich lege dir ans Herz, bei unklaren Beschwerden unbedingt den Rat eines Fachkundigen hinzuzuziehen. Bitte widme auch den Informationen, die ich dir zu den einzelnen Pflanzen gebe, ausreichend Aufmerksamkeit, um neben der Wirkung auch alle wichtigen Informationen zu möglichen Gegenanzeigen, Nebenwirkungen etc. zu kennen.

Die allgemeinen Empfehlungen sind aus Gründen der leichteren Lesbarkeit nicht geschlechterspezifisch formuliert und gelten in gleicher Weise für alle Geschlechter.

Teil I

Pflanzen sammeln, verarbeiten und trocknen

Die Qualität der Rohstoffe ist entscheidend für das Ergebnis der hergestellten Zubereitung. Das beginnt schon bei der Ernte und Verarbeitung der verwendeten Pflanzenteile. Sie sollten daher von bestmöglicher Qualität sein. Die verwendeten Pflanzenteile bringen eine Fülle an wertvollen Inhaltsstoffen mit, die in ihrer Kombination miteinander maßgeblich für die Wirkung des Produktes sorgen. Deshalb sollte die Ernte und Verarbeitung so schonend erfolgen, dass wir die Wirkstoffe so gut wie möglich erhalten. Auch wenn du Kräuter nicht selbst erntest und verarbeitest, ist es wichtig zu wissen, dass schonende Verfahren wichtig für die Qualität sind. Das sollte bei deinen Bezugsquellen sichergestellt sein.

Grundsätzliches zum Sammeln von Kräutern

- Grundsätzlich solltest du nur Pflanzen sammeln, die du kennst und zweifelsfrei identifizieren kannst. Manche Pflanzen haben giftige Doppelgänger, mit denen sie schnell verwechselt werden können.
- Ich empfehle dir, Pflanzen abseits von Straßen, gedüngten Feldern und Hundespazierwegen zu sammeln. In der unberührten Natur ist die Chance am größten, dass die Pflanzen frei von Verunreinigungen sind.
- Ernte von den Pflanzen immer nur in Maßen und niemals mehr, als du brauchst. Hier empfiehlt sich die 1/3-Regel: Ernte von einer Pflanze maximal ein Drittel und lasse den Rest stehen. Reiße Pflanzen niemals gänzlich aus. Ein wertschätzender Umgang mit den Pflanzen ist unverzichtbar.
- Reiße die Pflanzenteile nicht einfach ab, sondern trenne sie vorsichtig mit einem Messer oder einer Schere ab. Ernte nur Pflanzen, die gesund und sauber sind und nicht von Schädlingen befallen sind.
- Die Pflanzen sollten nicht feucht sein, da sie ansonsten schimmeln können.
- Die Pflanzenteile sollten bei der Ernte nicht gequetscht werden. Transportiere sie in einem Leinen- oder Baumwollbeutel. Ein Plastikbeutel ist nicht geeignet, da die Pflanzen darin „schwitzen" und schnell verderben.

Wie kann ich sicherstellen, dass die Pflanzen einen möglichst hohen Gehalt an Wirkstoffen haben?

Für einen hohen Wirkstoffgehalt ist der optimale Erntezeitpunkt sehr wichtig – genauso, wie wir es etwa bei Obst und Gemüse kennen. Der ist je nach Pflanze und auch nach verwendetem Pflanzenteil ganz unterschiedlich, und sogar die Tageszeit, zu der man erntet, beeinflusst den Wirkstoffgehalt

Merke:

Durch starke Trockenheit – etwa in Phasen, in denen es zu wenig geregnet hat – kann der Wirkstoffgehalt grundsätzlich negativ beeinflusst werden.

Der richtige Erntezeitpunkt ist unverzichtbar, um einen möglichst hohen Wirkstoffgehalt zu haben.

der Pflanze. Zum richtigen Erntezeitpunkt der einzelnen Pflanzen findest du ab Seite 220 eine Übersicht der in diesem Buch vorgestellten und verwendeten Pflanzen.

Allgemein als Faustregel zur Ernte von Kräutern empfehle ich dir, Pflanzen bei schönem, sonnigem Wetter und um den späten Vormittag bis frühen Nachmittag herum zu ernten. Dann ist der Wirkstoffgehalt in den oberirdischen Pflanzenteilen am höchsten.

Pflanzen mit einem hohen Gehalt an ätherischen Ölen sammelt man jedoch besser an kühlen Tagen oder am Vormittag, da intensive Sonnenbestrahlung den Gehalt mindert.

Wurzeln hingegen werden am besten am späten Nachmittag geerntet und entweder im Frühjahr oder Herbst, wenn sich die Wirkstoffe in die Wurzeln zurückziehen.

Tages- und Jahreszeiten haben einen hohen Einfluss auf den Wirkstoffgehalt verschiedener Pflanzeninhaltsstoffe. Für folgende Wirkstoffe ist er zu diesen Tages- und Jahreszeiten am höchsten:

Inhaltsstoff	Tageszeit	Jahreszeit
Bitterstoffe	Nachmittag	-
Gerbstoffe	-	Juli - August
Ätherische Öle	später Vormittag	-
Flavonoide	Mittagszeit	Frühjahr - Sommer
Alkaloide, Glykoside	morgens	Sommer

Wann erntet man welche Pflanzenteile?

Je nachdem, welche Pflanzenteile du ernten möchtest, gibt es hinsichtlich der Ernte Folgendes zu berücksichtigen:

- Blätter – grüne, saftige, geöffnete Blätter kurz vor oder zu Beginn der Blütenentwicklung
- Blüten – geöffnete Blüten bei beginnender oder voller Blütenpracht
- Kraut – dies ist der obere Teil der Pflanze, bestehend aus Blüten, Blättern und Stängel – wird vor oder während der Blütezeit geerntet
- Triebe – erntet man im Frühjahr, wenn die Knospen sich entwickeln
- Samen und Früchte – im Sommer am Nachmittag, wenn sie in der vollen Reife stehen
- Rinden – werden im Frühjahr geerntet, wenn junge Äste austreiben
- Wurzeln – frühmorgens in der Zeit zwischen Herbst und Frühjahr, wenn sich die Pflanze in der Ruhephase befindet

Das Trocknen von Kräutern

Nun geht es daran, die geernteten Kräuter weiterzuverarbeiten. Die Kräuter sollten auf keinen Fall nach der Ernte mit Wasser abgewaschen werden. Wurzeln und Rinden kannst du mit einer Wurzelbürste nach der Ernte sorgfältig von Erde oder sonstigen Verschmutzungen befreien. Wenn du sie nicht direkt frisch verarbeitest und aus ihnen Auszüge oder Tinkturen herstellst, gilt es, sie mit ihren Wirkstoffen bestmöglich zu konservieren. Hierzu eignet sich die Trocknung. Die ist auch sinnvoll, wenn man sich einen kleinen Vorrat an Kräutern anlegen möchte, denn frischer Löwenzahn etwa steht nicht ganzjährig zur Ernte bereit. Mit einem Vorrat an getrockneten Kräutern kannst du jahreszeitunabhängig auf sie zurückgreifen und sie bei Bedarf weiterverarbeiten.

Bei der Trocknung ist es sehr wichtig, dass die Pflanzenteile möglichst nicht zerkleinert werden, denn an den Bruchstellen können während der Lagerzeit Wirkstoffe verloren gehen. Um die Pflanzenteile zu trocknen, trennst du Blätter und Blüten vorsichtig vom Stängel ab und breitest sie an einem schattigen und warmen Ort (Achtung, bitte nicht zu warm!) aus.

Achte darauf, dass sie sich möglichst wenig gegenseitig überdecken, da sie sonst nicht gleichmäßig trocknen. Auch Sonne ist tabu, da durch die Sonneneinstrahlung wichtige Wirkstoffe verloren gehen. Du kannst sie zum Beispiel auf einem mit Fliegendraht oder dünnem Stoff bespannten Holzrahmen auslegen. So kann die Luft gut zirkulieren.

Alternativ kannst du Kräuter auch im Dörrautomaten oder Backofen trocknen. Hier ist es wichtig, dass die Temperatur nicht über 40 Grad steigt. Beim Backofen sollte die Tür immer leicht geöffnet sein, damit die Feuchtigkeit entweichen kann.

Die Kräuter sollten keinesfalls in der Sonne getrocknet werden, da so die Pflanzeninhaltsstoffe verloren gehen.

Richtig trocken sind Blätter und Blüten, wenn sich ihre Stiele brechen lassen. Du kannst als Test auch ein getrocknetes Blatt in deinen Handflächen zerreiben. Ist es richtig trocken, wird es zu Pulver. Bei Wurzeln und Rinden ist zu beachten, dass sie aufgrund der festen Zellstruktur schwieriger zu trocknen sind. Ihre Trocknungszeit ist deutlich länger, denn sie geben Wasser nur schwer ab. Hier kannst du die Wurzel- oder Rindenteile zur Trocknung in größere Stücke schneiden. Getrocknet lassen sich Kräuter gut mehrere Monate lagern. Bitte bedenke immer, dass es dennoch im Laufe der Zeit zu Wirkstoffverlusten kommt. Bei Wurzel- und Rindenteilen empfehle ich dir die Trocknung im Dörrautomaten oder Backofen, damit der Trocknungsprozess nicht zu lange dauert und um zu vermeiden, dass die Ernte verschimmelt.

Lagerung getrockneter Kräuter

Nach der Trocknung solltest du die Kräuter in einem geschlossenen Glasgefäß lagern. Auch Steingut eignet sich sehr gut. Ebenfalls ist es wichtig, dass die Kräuter dunkel gelagert werden. Daher sollten sie entweder lichtgeschützt in einem Schrank stehen oder, falls dies nicht möglich ist, auf Braunglas oder eben Steingut zurückgegriffen werden.

Achte auch darauf, dass sie möglichst kühl stehen. Ich empfehle dir, die Gefäße zu beschriften und Name und Pflanzenteil des gesammelten Krauts zu vermerken sowie den Zeitpunkt der Abfüllung.

Die wichtigsten Wirkstoffgruppen bei Pflanzen

Es sind bereits viele Pflanzeninhaltsstoffe bekannt und immer wieder werden neue erforscht. Pflanzen bestehen immer aus einem Gemisch vieler verschiedener Wirkstoffe, die so je nach Zusammensetzung der einzelnen Inhaltsstoffe eine individuelle Wirkweise ergeben. Ich möchte dir im Folgenden einen kleinen Einblick in die Welt der Pflanzeninhaltsstoffe geben. Wir werden uns hier auf einige wichtige und große Wirkstoffgruppen konzentrieren, die dir im weiteren Verlauf helfen, die vorgestellten Pflanzen und ihre Wirkstoffe einzuteilen, ihre Wirkweise zu verstehen und mit ihnen zu arbeiten.

Ätherische Öle

Ätherische Öle sind in vielen Pflanzen enthalten und die leichtflüchtigen Duft- und Aromastoffe sind für den Geruch der Pflanze verantwortlich. Ätherische Öle besitzen vielfältige Wirkweisen. Vor allem wirken sie antibiotisch, antiviral, antimykotisch und keimhemmend. Einige ätherische Öle stimulieren die Schleimhautsekretion, sie wirken auswurffördernd und hustenlindernd. Andere wiederum wirken blähungswidrig, krampflösend, appetitanregend, harntreibend, entzündungshemmend, juckreizlindernd oder auch beruhigend. Angewendet werden sie zum Beispiel bei Hauterkrankungen und in der Wundversorgung, bei Beschwerden des Magen-Darm-Traktes wie Blähungen oder Bauchkrämpfen, bei Harnwegsinfektionen oder Erkrankungen der Atemwege. Genutzt werden entweder wie in diesem Buch die Pflanzen, die ätherische Öle enthalten, oder extrahierte ätherische Öle, die sehr konzentriert wirken. Vorsicht ist geboten zum Beispiel bei trächtigen Hündinnen, laktierenden Hündinnen oder bei Epilepsie. Spezifische Gegenanzeigen gebe ich dir bei den einzelnen Rezepturen an. Es gibt verschiedene ätherische Öle wie etwa Teebaumöl, die für Hunde nicht verwendet werden dürfen.

Beispiele für ätherisch ölhaltige Pflanzen:

- Kamille
- Lavendel
- Fenchel
- Schafgarbe
- Zitronenmelisse
- Pfefferminze
- Thymian
- Baldrian
- Salbei

Alkaloide

Alkaloide sind hochwirksame Pflanzeninhaltsstoffe, deren unsachgemäßer Gebrauch gefährlich ist. Es gilt: Die Dosis macht das Gift. Sie können in niedrigen Dosierungen hilfreich für den Körper sein und in hohen Dosen toxisch. Übrigens enthalten auch Genussmittel wie Tabak (Nikotin), Kaffee (Koffein), Tee (Teein) und Kakao (Theobromin) Alkaloide. Alkaloide haben einen starken Einfluss auf das zentrale Nervensystem, und einige Alkaloide wie das Colchizin der Herbstzeitlosen werden heute in der Krebstherapie eingesetzt. Die Behandlung mit Alkaloidpflanzen gehört in jedem Fall in die Hand eines erfahrenen Therapeuten. Pyrrolizidinalkaloide kommen zum Beispiel im Borretsch vor, aber auch im Beinwell, den du in diesem Buch kennenlernst. Äußerlich aufgetragen, als Tinktur oder in einer Salbe oder als Wickel angewendet, brauchst du hier keine Bedenken haben, dass du deinen Hund schädigst. In der Regel enthalten zudem Präparate und Pflanzenteile aus der Apotheke keine Pyrrolizidinalkaloide, da sie aus Zuchtformen stammen. Vorsicht ist geboten bei Alkaloiden bei Lebererkrankungen, in Trächtigkeit und Laktation sowie bei Welpen und Junghunden. PA-haltige Pflanzen werden nicht innerlich eingesetzt.

Beinwell

Beispiele für (teils nur spurweise) alkaloidhaltige Pflanzen:

- Beinwell
- Wasserdost
- Huflattich

Bitterstoffe

Bitterstoffe haben, wie ihr Name schon sagt, einen bitteren Geschmack. Sie werden direkt über die Geschmacksknospen im Maul aufgenommen. Bitterpflanzen regen Speichel-, Magensaft-, Galle- und Pankreassekretion an, unterstützen die Fettverdauung und „schieben" den Stoffwechsel an. Sie wirken appetitanregend, verdauungsfördernd und entlasten Leber und Galle. Das macht sie zu praktischen Begleitern bei Hunden mit Verdauungsbeschwerden, Lebererkrankungen, Völlegefühl, Blähbauch, Appetitmangel oder funktioneller Gallenblasen-Trägheit. Äußerlich können bittere Kräuter die Mikrozirkulation des Gewebes unterstützen. Gegenanzeigen für Bitterpflanzen sind zum Beispiel Reflux und akute Gastritis, Magengeschwüre, Pankreatitis sowie Gallenwegsverschluss.

Beispiele für bitterstoffhaltige Pflanzen:

- Löwenzahn
- Schafgarbe
- Artischockenblätter
- Andorn
- Teufelskralle
- Tausendgüldenkraut

Schafgarbe

Cumarine

Cumarine sind die Träger des typischen Heu-Dufts. Hinsichtlich ihrer Wirkweise gibt es verschiedene Cumarine zu unterscheiden. Einfache Cumarine etwa hemmen Schwellungen und Entzündungen, sind durchblutungsfördernd, gefäßentkrampfend und gewebsberuhigend, wirken blutgerinnungshemmend, regen den Lymphfluss an oder sind leicht sedierend. So werden sie bei Schmerzen des Bewegungsapparates, Blutergüssen, Krämpfen, zur Durchblutungsförderung und bei Lymphstau eingesetzt. Wichtig: Sogenannte Furocumarine können die Lichtreizschwelle der Haut herabsetzen, und es entsteht eine sogenannte Phototoxizität. Das bedeutet, dass nach der Berührung einer solchen Pflanze die Haut durch die Sonne schneller verbrennen kann. Vorsicht ist geboten vor Operationen, bei Blutungsneigung oder bei gleichzeitiger Gabe gerinnungshemmender Medikamente. Auch bei Trächtigkeit sollte von der Gabe cumarinhaltiger Pflanzen abgesehen werden.

Beispiele für cumarinhaltige Pflanzen:

- Liebstöckel
- Angelikawurzel
- Steinkleekraut
- Kamille
- Waldmeister

Flavonoide

Flavonoide sind Polyphenolverbindungen und die farbgebenden Stoffe unserer Pflanzen – und davon gibt es über 6000 verschiedene! Aufgrund der großen Anzahl an unterschiedlichen Strukturen wirken sie vielfältig. So können sie beispielsweise antibiotisch, antiviral, antimykotisch, stark antioxidativ, entzündungshemmend, blutverdünnend, entgiftend, zellschützend, gefäßschützend, harntreibend, krampflösend, leberschützend und schleimhautberuhigend wirken.

Eingesetzt werden flavonoidhaltige Pflanzen daher ebenso vielfältig, etwa bei Lebererkrankungen, Nierenerkrankungen, zur Herzunterstützung, bei Magenproblemen, Gefäßerkrankungen, zur Wund- und Hautpflege und bei Atemwegserkrankungen.

Beispiele für flavonoidreiche Pflanzen:

- Kamille
- Ringelblume
- Goldrute
- Mariendistel
- Weißdorn
- Königskerze
- Arnika
- Johanniskraut

Gerbstoffe

Gerbstoffe finden sich häufig in Wurzeln, Rinden, aber auch in Blättern wie etwa bei der Walnuss. Sie wirken zusammenziehend, blutstillend, trocknend, stopfend und wundheilungsfördernd. So können sie äußerlich bei zum Beispiel nässenden Ekzemen, Geschwüren, Entzündungen oder leichten Verbrennungen angewendet werden. Innerlich bremsen sie Durchfälle und helfen zum Beispiel auch bei Halsentzündungen. Kurz: Sie bringen „zu viel Feuchtigkeit" wieder ins Lot. Gerbstoffe sollten nicht dauerhaft angewendet werden. Bei Verstopfung oder trockenen Schleimhäuten sollte auf die Gabe verzichtet werden.

Beispiele für gerbstoffreiche Pflanzen:

- Eichenrinde
- Walnussblätter
- Blutwurz
- Brombeerblätter
- Gundermann

Saponine

Saponine sind die „Seifenstoffe" der Pflanzen – im Wasser schäumen sie leicht. Sie können die Oberflächenspannung herabsetzen, wirken dadurch emulgierend, und dadurch entsteht der Schaum. Saponine wirken auswurffördernd, schweißtreibend, immunmodulatorisch, antibiotisch, antiviral, antimykotisch, stoffwechselanregend und harntreibend. Zusätzlich unterstützen sie als Emulgatoren die Löslichkeit schwer löslicher Stoffe, die dann vom Organismus besser aufgenommen werden können.

Saponinhaltige Pflanzen werden häufig angewendet bei Atemwegserkrankungen mit Schleimbildung, Nierenerkrankungen, Harnwegsinfekten, zur Anregung des Stoffwechsels und bei Hauterkrankungen. Vorsicht ist geboten bei Blutungen von Magen und Darm.

Beispiele für saponinreiche Pflanzen:

- Linde
- Gänseblümchen
- Goldrute
- Birke
- Stiefmütterchen

Schleimstoffe

Schleimstoffe werden nicht vom Körper aufgenommen, sondern wirken an der verwendeten Stelle. Dort entfalten sie eine schützende, reizlindernde und einhüllende Wirkung. Sie puffern Reize, beruhigen Entzündungen, schützen Epithelien und fördern die Regeneration. Das macht sie unschlagbar zum Beispiel bei trockenem Reizhusten, gereizten Entzündungen im Maul- und Rachenraum, Magen- und Darmerkrankungen, gereizter Haut und Augenerkrankungen. Da Schleimstoffe hitzeempfindlich sind, werden sie ausschließlich als Kaltauszug zubereitet. Sie sollten mit einem zeitlichen Abstand zum Essen von mindestens 30 Minuten und mit einem Abstand von 1–2 Stunden zu Medikamenten verabreicht werden.

Beispiele für schleimstoffreiche Pflanzen:

- Eibischwurzel
- Malvenblüten und -blätter
- Königskerze
- Spitzwegerich

Teil 2

Zubereitungen aus Kräutern

Das Ausziehen von Inhaltsstoffen mittels Ölen oder Alkohol ist ein jahrhundertealtes Verfahren.

Sowohl frisch als auch getrocknet lassen sich aus Kräutern wunderbare Zubereitungen herstellen, die je nachdem innerlich und äußerlich verabreicht werden können. Zu solchen Zubereitungen gehören zum Beispiel Ölauszüge, Salben, Balsame, Cremes, Tinkturen, aber auch Tees (Infus), Dekokte, Kaltauszüge, Hydrolate, Honig oder Oxymele. Nicht alle Pflanzen und Pflanzenteile eignen sich für alle Zubereitungsarten, und auch je nach Indikation sollte eine passende Zubereitung beziehungsweise Darreichungsform gewählt werden.

So gibt es Pflanzeninhaltsstoffe, die sich in Öl hervorragend lösen, in Alkohol wiederum nicht. Bei manchen Pflanzen(teilen) ist auch Wasser ein geeignetes Lösungsmittel.

In diesem Buch lernst du verschiedene Pflanzen und Pflanzenrezepturen kennen und auch verschiedene Zubereitungsformen, mit denen wir uns in der Folge näher beschäftigen.

Ölauszüge

Was ist ein Ölauszug?

Mit einem Ölauszug, auch Ölmazerat genannt, werden frische oder getrocknete Pflanzenteile in Öl eingeweicht und so durch das Öl die Wirkstoffe aus der Pflanze ausgezogen. Diese gehen dann in das Öl über. Gut fettlösliche, also lipophile Pflanzeninhaltsstoffe sind beispielsweise Cumarine, ätherische Öle, Phytosterole, Carotinoide, fettlösliche Flavonoide, Triterpenalkohole und Sesquiterpenlactone. Auch einige Vitamine wie zum Beispiel A, E, D und K sind gut fettlöslich. Pflanzeninhaltsstoffe wie Schleimstoffe, ein großer Teil der Flavonoide, Alkaloide und Gerbstoffe sind nur schwer in Öl löslich. Diese können dann wiederum besser in Alkohol oder auch Wasser ausgelöst werden.

Nicht nur die Qualität der Kräuter, sondern auch ein hochwertiges Öl sind wichtig für einen wirkungsvollen Ölauszug.

Ölauszüge können pur eingesetzt werden oder auch in Salben, Balsamen und Cremes weiterverarbeitet werden.

Das richtige Öl

Die Basis für die Herstellung eines Ölauszugs ist ein möglichst hochwertiges und wenig verarbeitetes Pflanzenöl. Auch wenn raffinierte Speiseöle und auch Mineralölprodukte wie Vaseline und Paraffin kostengünstiger sind, so empfehle ich, darauf zu verzichten. Mineralölprodukte sind rein synthetisch hergestellt und behindern die Hautatmung, wirken „abdichtend" und stören lokal das Immunsystem der Haut. Raffinierte Speiseöle sind hochprozessiert, zwar lange haltbar, allerdings sind durch den Raffinationsprozess die wertvollen Inhaltsstoffe nahezu vollständig verloren gegangen.

Native Pflanzenöle hingegen sind weitestgehend naturbelassen und nicht chemisch bearbeitet. Die wertvollen Inhaltsstoffe bleiben so erhalten. Neben der schonenden Verarbeitung empfehle ich auch, auf einen kontrolliert biologischen Anbau zu achten, da die Schadstoffmenge hier geringer ist. Gerade Ölfrüchte wie Oliven werden häufig mit Pestiziden behandelt, wenn sie aus konventionellem Anbau stammen.

Die wichtigsten Basisöle

Wenn wir ein hochwertiges Basisöl verwenden, nutzen wir das Öl nicht nur als Trägeröl für die Pflanzeninhaltsstoffe, sondern wir profitieren zugleich auch von den wertvollen Inhaltsstoffen des Öls. Basisöle, die eine lange Tradition in der Herstellung von Ölauszügen und auch Salben haben, sind zum Beispiel Olivenöl und Kokosöl. Sie sind oxidativ stabil, was eine längere Haltbarkeit mit sich bringt.

Olivenöl

Olivenöl ist bereits seit der Antike Basis für Ölmazerate und Salben. Das Olivenöl selbst wirkt regenerierend und pflegend auf die Haut durch den hohen Gehalt an Ölsäure und Vitamin E. Es ist oxidativ sehr stabil und in zwischen 12–14 Monaten lagerbar. Es zieht langsam ein und hat einen typischen Eigengeruch. Das Olivenöl ist das einzige Öl, zu dem es klar definierte und auch gesetzlich festgelegte Qualitätsbezeichnungen gibt.

Kokosöl

Kokosöl, auch als Kokosfett genannt, ist bei Temperaturen um die 20 Grad fest, ab einer Temperatur von etwa 25 Grad schmilzt es. Kokosöl ist wenig hitzeempfindlich, kann kühl gelagert gut und gerne 24 Monate aufbewahrt werden und ist reich an gesättigten Fettsäuren. Es zieht schnell ein und hinterlässt kaum einen Fettfilm. Es wirkt dabei leicht kühlend, beruhigend und juckreizlindernd. Bei der Verwendung von Kokosöl empfehle ich, auf unbehandeltes, natives Kokosöl zurückzugreifen.

Rapsöl

Auch Rapsöl kann als Basisöl für Ölauszüge genutzt werden. Was es auszeichnet, ist, dass es mit 9% einen hohen Gehalt an dreifach ungesättigter Alpha-Linolensäure hat. Es ist etwa 12 Monate haltbar und zieht wie das Olivenöl nur langsam in die Haut ein.

Sonnenblumenöl

Sonnenblumenöl hat im Vergleich zu den vorher genannten Ölen mit 6–9 Monaten eine kürzere Haltbarkeit, was auf den hohen Anteil an ungesättigten Fettsäuren zurückzuführen ist. Weiterhin enthält es viel Vitamin E. Es zieht recht schnell ein, ist recht geruchsneutral und auch ein sehr günstiges Basisöl zur Herstellung von Ölmazeraten.

Mandelöl

Mandelöl hat einen hohen Ölsäuregehalt (etwa 75 %), weswegen es sehr pflegend ist und ein weiches Gefühl auf der Haut hinterlässt. Es zieht eher langsam ein, was bei sehr pflegebedürftiger Haut hilfreich ist, und duftet mild nach Mandel. Mandelöl ist oxidativ nicht sehr stabil und nur etwa 6 Monate haltbar, sobald es mit Luft in Kontakt kommt.

Sesamöl

Sesamöl ist oxidativ sehr stabil und 12 Monate haltbar. Es zieht gut ein, pflegt und regeneriert zugleich sehr. Man sagt, es mache die Hautporen durchlässig für Wirkstoffe. Sein Geruch ist angenehm nussig und ich empfehle, ein kaltgepresstes, natives Sesamöl statt einem Öl aus geröstetem Sesam zu verwenden.

Erdnussöl

Erdnussöl pflegt sehr intensiv auch sehr trockene Haut, zieht langsam ein und hat einen intensiv nussigen Geruch. Es ist oxidativ sehr stabil und hitzebeständig und kann bis zu 24 Monate gelagert werden.

Jojobaöl

Jojobaöl ist genau genommen kein Öl, sondern ein flüssiges Wachs, welches bei Temperaturen um 8 Grad fest wird. Es ist ausgesprochen hitzestabil sowie oxidativ sehr stabil. Sein Eigengeruch ist sehr dezent und es wirkt zudem noch antibakteriell. Als Speiseöl zur oralen Gabe ist es nicht geeignet, da es vom Körper nicht verstoffwechselt werden kann.

Wirkstofföle

Wirkstofföle können den Basisölen additiv in geringer Menge hinzugemischt werden. Sie sind reich an Wirkstoffen und sehr intensiv. So können sie je nach Öl hautregenerierend, entzündungshemmend und wundheilend wirken. In der Regel werden hier maximal 5 % der Gesamtmenge verwendet. Sie sind nur kurz haltbar und oxidieren im Kontakt mit Sauerstoff schnell. Zu den Wirkstoffölen gehören zum Beispiel Weizenkeimöl, Nachtkerzenöl, Hagebuttensamenöl, Granatapfelsamenöl und Sanddornfruchtfleischöl.

Grundausstattung zur Herstellung von Ölmazeraten

Was du für die Herstellung mittels Ölauszugs benötigst, hast du ganz sicher bereits in deiner Küche.

Für die Herstellung eines Ölauszuges braucht es nicht viel:

- Marmeladengläser oder nach Möglichkeit Dunkelglas
- Messbecher
- Waage
- Messer
- Kaffeefilter, möglichst aus Edelstahl
- Küchenthermometer für den Heißauszug

Qualitätsparameter zur Herstellung eines Ölauszugs

Die Herstellung eines Ölmazerates ist sehr unkompliziert. Wichtig für die Qualität des Auszugs sind:

Die Verwendung eines oxidativ stabilen Basisöls

Während des Auszugsprozesses werden die enthaltenen Fettsäuren durch Licht, Wärme und Sauerstoff angegriffen. Je höher der Anteil an gesättigten oder einfach ungesättigten Fettsäuren ist, desto stabiler ist das Öl. Die Stabilität eines Öls kann auch durch die Zugabe von Vitamin E verbessert werden.

Die Qualität und der Zerkleinerungsgrad der Pflanzenteile

Es ist wichtig, die Pflanzenteile erst kurz vor dem Einlegen in das Öl gut zu zerkleinern. So werden die Zellwände gut aufgebrochen und die Pflanzeninhaltsstoffe gehen leichter in das Öl über. Du kannst die Pflanzenteile (zusätzlich) auch in einem Mörser etwas anstoßen.

Die Auszugstemperatur

Die Temperatur des Auszugs spielt eine relevante Rolle. So gehen bei Zimmertemperatur deutlich weniger Pflanzenstoffe in das Öl über als bei höheren Temperaturen. Optimal ist der Temperaturbereich zwischen 35–50 Grad. Hier kann das Öl tiefer in das Pflanzengewebe eindringen. Temperaturen über 50 Grad hingegen wirken sich qualitätsmindernd aus. Eine Ausnahme stellen hier Harze dar, die erst ab einer Temperatur von 65 Grad ihre Wirkstoffe an das Öl abgeben.

Die Dauer des Auszugs – so lange wie nötig, aber so kurz wie möglich

Häufig liest man, dass Kräuter bei einem Wärmeauszug in der Sonne vier bis sechs Wochen in Öl ausgezogen werden müssen. Allerdings weiß man mittlerweile, dass die Wirkstoffe weit schneller in das Öl übergehen und eine lange Auszugszeit eher einen Wirkverlust und eine verkürzte Haltbarkeit nach sich ziehen. Das liegt daran, dass die Sonneneinstrahlung und auch das UV-Licht die Stabilität und somit Haltbarkeit des Öls negativ beeinflussen.

Die dem Öl zugegebenen Kräuter bieten dem Öl antioxidative Schutzstoffe an. Doch durch diese Schutzfunktion verlieren sie selbst einen Teil ihrer Wirkstoffe, da sie zum Schutz und zur Stabilisierung des Öls aufgebraucht werden. Daher empfehle ich, einen Warmauszug unter Berücksichtigung aller fünf relevanten Qualitätsfaktoren nur etwa 4–7 Tage der Sonne auszusetzen. So stellen wir sicher, dass die Wirkstoffe in das Öl übergehen und zugleich das Öl möglichst stabil bleibt und die Wirkstoffe nicht zur Stabilisierung des Öls „verbraucht" werden. Eine längere Auszugszeit ergibt

Die Berücksichtigung der verschiedenen Qualitätsparameter sichert einen Ölauszug mit einem hohen Wirkstoffgehalt.

keinen Sinn, weil sich das Konzentrationsgleichgewicht bereits nach drei bis vier Tagen einstellt und keine weiteren Wirkstoffe aus der Pflanze mehr ausgezogen werden. Hinzu kommt, dass wir immer bedenken müssen: Öle haben nur eine gewisse Haltbarkeit. Wenn wir nun bereits mehrere Wochen lang einen Auszug ansetzen, reduziert das auch die Nutzungszeit des Ölauszugs.

Ich empfehle dir zudem, für die Aufbewahrung des fertigen Auszugs nach Möglichkeit Braun- oder Violettglas oder aber Steingut zu verwenden.

Regelmäßige Bewegung des Auszugs durch Rühren oder Schütteln

Die Wirkung der regelmäßigen Bewegung des Auszugs ist nicht zu unterschätzen. Sie beschleunigt die Löslichkeit der Pflanzeninhaltsstoffe und verkürzt die Extraktionszeit. Ich empfehle dir, den Auszug täglich – gern auch mehrmals – zu schütteln oder zu rühren.

Die verschiedenen Qualitätsfaktoren stehen in Bezug zueinander und beeinflussen sich. Je mehr wir darauf achten, sie alle zu berücksichtigen, desto besser ist das Ergebnis des Auszugs.

Grundrezept

Für die Herstellung eines Ölauszugs gibt es zwei Verfahren: den Warmauszug bei Sonnenlicht und den Heißauszug am Herd.

Für die Herstellung benötigst du:
- 100 ml Öl

Bei frischen Pflanzenteilen
- 15–20 Gramm frische Blätter oder Blüten – die frischen Blätter und Blüten sollten leicht angewelkt sein, um den Wasseranteil zu reduzieren
- 25–30 Gramm frische Wurzeln

Bei getrockneten Pflanzenteilen
- 6–8 Gramm getrocknete Blätter oder Blüten
- 15–20 Gramm getrocknete Wurzel

Dies sind nur ungefähre Richtwerte. So haben beispielsweise 10 Gramm Ringelblumenblüten ein anderes Volumen als 10 Gramm Fenchelsamen. Wichtig ist in allererster Linie, dass die Pflanzenteile gänzlich vom Öl bedeckt sind.

Anleitung für einen Warmauszug bei Sonnenlicht

Warmauszüge bei Sonnenlicht lassen sich am besten in den warmen Monaten zwischen Mai und September herstellen, da wir die Sonnenwärme nutzen, um Wirkstoffe aus den Pflanzenteilen zu extrahieren. In den kälteren Monaten kannst du alternativ den Auszug an der Heizung platzieren.

So gehst du vor:
Bei der Verwendung frischer Pflanzenteile ist es wichtig, die Kräuter auf Verschmutzungen oder welke Stellen zu überprüfen. Auch bei getrockneten Kräutern empfehle ich, hier sicherheitshalber nochmals die Qualität zu prüfen.

Dann zerkleinerst du die Pflanzenteile. Du kannst sie klein schneiden und / oder mit einem Mörser zerstoßen. Dies sorgt dafür, dass die Wirkstoffe gut in das Öl übergehen.

Anschließend gibst du sie in ein Gefäß und übergießt sie mit dem Öl, bis sie gut bedeckt sind. Fülle das Glas allerdings nicht bis oben hin, da sich das Öl bei Wärme ausdehnt.

Verschließe nun das Gefäß atmungsaktiv. So stellst du sicher, dass sich kein Kondenswasser bildet. Platziere das Glas dann drei bis vier Tage in der direkten Sonne. Temperaturen von 35–50

Im ersten Schritt kontrolliere ich die Ringelblumenblüten und bereite sie so vor, dass wir nur die Zungenblüten für den Auszug verwenden.

Nun zerkleinere ich die Zungenblüten. Das kann man mit dem Messer …

… oder du stößt sie in einem Mörser an und zerkleinerst sie hiermit.

Nun gibst du sie in ein Gefäß ...

... und übergießt die Pflanzenteile mit Öl.

Grad sind perfekt. Im Anschluss stellst du es dann nochmal zwei bis drei Tage an einen warmen Ort ohne direkte Sonneneinstrahlung.

Nachts solltest du das Öl mit ins Haus nehmen, damit es nicht zu sehr auskühlt.

Nach sechs bis sieben Tagen filterst du das Öl durch ein feines Sieb ab. Alternativ kannst du auch ein Baumwolltuch verwenden, allerdings sickert das Öl hier sehr langsam durch.

Wenn du getrocknete Pflanzenteile für den Auszug verwendet hast, kannst du die Pflanzenteile noch gut auspressen. Bei Frischpflanzen solltest du darauf verzichten, da ansonsten Wasser aus den Pflanzenteilen freigesetzt wird, was die Haltbarkeit des Ölauszugs beeinträchtigen würde. Dann filterst du das Öl nochmals durch einen Kaffeefilter, bestenfalls aus Edelstahl, um gegebenenfalls noch feine Rückstände herauszufiltern.

Gib deinen fertigen Ölauszug nun in ein lichtundurchlässiges Gefäß, welches möglichst vollgefüllt sein sollte, um eine schnelle Oxidation zu vermeiden. Das Gefäß verschließt du dann fest.

Anleitung für einen Heißauszug

Heißauszüge eignen sich sehr gut, wenn es mal schneller gehen soll, genauso wie in kühleren Jahreszeiten, aber auch wenn du Wirkstoffe aus harten Zellstrukturen wie Harze, Rinden und Wurzeln sie beispielsweise haben, ausziehen möchtest. Der Heißauszug ist nicht ganz so schonend für das Öl wie der Warmauszug, doch durch die sehr kurze Auszugszeit wird dies weitestgehend ausgeglichen. Heißauszüge sind in der Regel auch etwas länger haltbar und sind auch besonders gut für Frischpflanzen geeignet, da sich so der Wasseranteil in den Pflanzenteilen schnell reduziert. Ich empfehle dir für einen Heißauszug ein Öl, das hitzebeständig ist. Kokosöl und Olivenöl eignen sich hier sehr gut.

Für die Herstellung kontrollierst du die frischen oder getrockneten Pflanzenteile wieder wie schon beim Warmauszug beschrieben und zerkleinerst sie gut. Gib die Kräuter und das Öl in ein hitzebeständiges Gefäß, welches du dann im Wasserbad erwärmst. Für das Wasserbad gibst du vier bis fünf Zentimeter hoch Wasser in einen Topf und erhitzt es auf maximal 70 Grad, da die Temperatur des Öls die 60 Grad nicht überschreiten sollte. Stelle das hitzebeständige Gefäß dann in das Wasserbad. Dort sollte es bei den

Es ist wichtig, dass du die Temperatur des Wassers beim Heißauszug regelmäßig kontrollierst, damit die Pflanzeninhaltsstoffe erhalten bleiben.

Um die Pflanzenteile herauszufiltern, eignet sich ein sehr feines Sieb oder auch ein Kaffee- oder Teefilter.

maximal 70 Grad etwa zwei Stunden verbleiben und regelmäßig umgerührt werden. Bitte überprüfe regelmäßig auch die Temperatur. Steigt diese zu hoch, nimmst du das Gefäß mit dem Öl und den Kräutern kurz aus dem Wasserbad. Durch die Temperatur von 60 Grad gehen die Pflanzeninhaltsstoffe schneller in das Öl über als bei einem Warmauszug.

Nach der Auszugszeit nimmst du das Gefäß mit dem Auszug aus dem Wasserbad und lässt den Ölauszug noch mal ein bis zwei Stunden nachziehen. Gieße dann das abgekühlte Öl durch einen Filter oder ein Baumwolltuch, wie beim Warmauszug beschrieben. Auch hier kannst du die Pflanzenteile noch mal gut auspressen. Fülle das Öl dann wie beim Warmauszug beschrieben ab und lagere es kühl.

Extra-Wissen:

Bei Harzen können etwas höhere Auszugstemperaturen als 60 Grad nötig sein.

Lagerung und Haltbarkeit

Wie bereits beschrieben, ist die grundsätzliche Haltbarkeit der Öle immer unterschiedlich und abhängig von ihrer Stabilität. Auch die verwendeten Pflanzenteile und deren Anteil an antioxidativen Stoffen beeinflussen die Haltbarkeit generell. Die Haltbarkeit des Ölauszugs kann zudem durch die Zugabe von Vitamin E um etwa zwei Monate verlängert

Auch wenn Ölauszüge wunderschön anzusehen sind, sollten sie lichtgeschützt gelagert werden.

werden. Das Vitamin E gibt man dem Ölauszug bei einem Heißauszug erst zu, wenn die Temperatur unter 50 Grad liegt, da es hitzeempfindlich ist.

Weitere wichtige Faktoren sind hygienisches Arbeiten und die Lagerung. Durch hygienisches Arbeiten und die korrekte Lagerung können wir eben diese Haltbarkeit bestmöglich „auszunutzen". Hygienisches Arbeiten ist eine wichtige Grundvoraussetzung für eine gute Haltbarkeit. Selbiges gilt auch für die Herstellung von Salben, Cremes, Tinkturen und sämtliche andere Produkte, die wir herstellen. Das bedeutet, dass sowohl der Arbeitsbereich als auch die Arbeitsgeräte und die verwendeten Gefäße sauber sein sollten.

Hinsichtlich der Lagerung sind Temperaturen zwischen 15 und 18 Grad optimal. Zudem sollten Ölauszüge lichtgeschützt aufbewahrt werden, also entweder in Braun- oder Violettglas oder beispielsweise im Schrank.

Salben, Cremes und Balsame

Ölauszüge lassen sich durch die Zugabe von weiteren Zutaten für eine feste Konsistenz sehr einfach zu Salben, Balsamen oder Cremes weiterverarbeiten. In eben diese können dann auch noch weitere wirkungsvolle Bestandteile wie beispielsweise Tinkturen zugegeben werden. Für eine feste Konsistenz wird häufig Bienenwachs genommen. Auch Lanolin kann verwendet werden. Hier sollte darauf geachtet werden, dass Lanolin anhydrid verwendet wird, welches kein Wasser enthält. Doch auch Kokosöl, Kakaobutter oder Sheabutter können zum Beispiel eingearbeitet werden. Wichtig dabei zu beachten ist, dass sie unterschiedliche Schmelzpunkte haben. Bienenwachs wird bei etwas über 60 Grad flüssig, Sheabutter, Kokosöl oder auch Kakaobutter haben einen niedrigeren Schmelzpunkt und werden bei unter 40 Grad zugegeben. Zudem ist Pflanzenbutter deutlich hitzeempfindlicher.

Bienenwachs

Naturbelassenes Bienenwachs hat eine leicht gelbliche Färbung durch die in den Pollen enthaltenen Carotinoide. Es wirkt schützend auf die Haut und hinterlässt einen leichten Schutzfilm. Meist wird es in Form kleiner Pellets verkauft und schmilzt bei 62 Grad. Je nach gewünschter Festigkeit wird es mit einem Anteil von 5–15 % beigemischt.

Kokosfett/ -öl

Kokosöl eignet sich nicht nur als Basisöl zur Herstellung von Ölauszügen, sondern kann auch als Konsistenzgeber verwendet werden. Es zieht gut ein und wirkt sehr hautpflegend. Zudem hat es einen angenehmen Geruch. Es hat einen niedrigen Schmelzpunkt, wird bei Zimmertemperatur allerdings fest.

Sheabutter

Das butterartige Fett stammt aus den Samenkernen des Karitébaumes. Sheabutter ist reich an entzündungshemmenden und wundheilungsfördernden

Fettbegleitstoffen. Aufgrund der wertvollen Inhaltsstoffe sollte sie nicht über 40 Grad erhitzt werden. Sie wirkt sehr hautpflegend und kann sehr gut auch zur Narbenbehandlung, bei verhornter oder trockener Haut eingesetzt werden. Sheabutter hat wie das Kokosöl einen niedrigen Schmelzpunkt zwischen 28 und 32 Grad. In ihrer Konsistenz ist sie eher weich und ich empfehle bei der Salbenherstellung eine Kombination aus Bienenwachs und Sheabutter, um eine etwas festere Konsistenz zu erreichen.

Kakaobutter

Der Schmelzpunkt von Kakaobutter liegt ebenfalls bei 28–32 Grad und sie ist ebenso hitzeempfindlich. Daher sollte auch sie nicht über 40 Grad erhitzt werden, um die Inhaltsstoffe zu erhalten. Bei Zimmertemperatur ist sie fest. Sie wirkt sehr hautpflegend und hat einen angenehmen Duft. Gewonnen wird sie aus dem Fett der Kakaobohne. Kakaobutter ist durch den hohen Anteil an gesättigten Fettsäuren bei entsprechender Lagerung zwischen 16 und 20 Monate haltbar.

Lanolin anhydrid

Lanolin wird bei der Wollverarbeitung gewonnen. Es handelt sich um das Wollfett der Schafe. Es wirkt wundheilungsfördernd und pflegend. Lanolin gibt zum einen Konsistenz, zum anderen vermag es, Wasser und Fett stabil miteinander zu verbinden. Es ist also auch ein Emulgator. Zudem kann es ein Vielfaches seines Eigengewichtes an Wasser binden. Wenn du also Salben oder Cremes herstellen möchtest, die Hydrolate, Tees oder Tinkturen enthalten, ist die Beigabe von Lanolin sehr hilfreich. Sein Schmelzpunkt liegt bei 40–45 Grad.

Mit wenigen Zutaten lassen sich aus Ölauszügen auch Balsame, Salben und Cremes herstellen.

Zubehör – das brauchst du für die Herstellung von Salben, Cremes und Balsamen

Mit wenig Zubehör aus dem Haushalt kannst du Balsame, Salben und Cremes herstellen.

- Messer & Schneidebretter
- Mörser
- Trichter
- Kochthermometer
- hitzebeständige, weithalsige Gläser bzw. Bechergläser
- Topf
- Tiegel
- Klebeetiketten
- Holzlöffel oder Holz- oder Glasrührstab
- Tee- und Esslöffel
- Spatel

Salbenherstellung - Grundrezept

Salben bestehen in der Regel aus einem Ölauszug und als Konsistenzgeber Bienenwachs. Durch die optionale Zugabe von etwas Lanolin wird die Salbe etwas cremiger und streichfähiger. Weiterhin ermöglicht uns das Lanolin, zusätzlich eine etwas größere Menge einer Tinktur einzuarbeiten. Bei der ausschließlichen Verwendung von Bienenwachs können nur 4–6 ml Tinktur eingearbeitet werden. Wenn wir nun noch 10 Gramm Lanolin hinzugeben, kann man 12 ml Tinktur hinzugeben.

Die Zugabe einer Tinktur kann eine stärkere Wirkung der Salbe schaffen, da wir nicht nur von den fettlöslichen Pflanzeninhaltsstoffen des Ölauszugs profitieren, sondern auch von den nicht fettlöslichen, die wir über eine Tinktur auf Alkoholbasis ausziehen können.

Die Zutaten:

- 100 ml Ölauszug
- 5–15 g Bienenwachs – je nach gewünschter Festigkeit

Optional:

- 10 g Lanolin
- 4–12 ml Tinktur

Eine Löwenzahnsalbe ist wohltuend für die Gelenke deines Hundes. Das Rezept findest du auf Seite 164.

Für die Herstellung einer Salbe bedarf es neben dem Ölauszug im Prinzip nur Bienenwachs als Konsistenzgeber.

Die Herstellung

Zunächst stellst du ein Ölmazerat nach einem der Grundrezepte ab Seite 35 ff. her.

Gib das Bienenwachs in ein Becherglas und den Ölauszug in ein anderes. Falls du Lanolin mit einarbeiten möchtest, gibst du dieses mit in das Becherglas mit dem Bienenwachs. Fülle nun zwei Töpfe 3–5 cm hoch mit Wasser. In den einen Topf gibst du das Becherglas mit dem Bienenwachs (und optional das Lanolin) und erhitzt das Wasser auf 65–70 Grad. Das Bienenwachs schmilzt bei etwa 62 Grad.

In den zweiten Topf stellst du das Becherglas mit dem Ölauszug und erwärmst es auf 40–45 Grad. Kontrolliere regelmäßig die Temperatur, damit das Öl nicht zu warm wird.

Wenn es geschmolzen ist, nimmst du das Becherglas aus dem Wasserbad und rührst das geschmolzene Bienenwachs in den erwärmten Ölauszug ein. Die Mischung aus dem Ölauszug und dem Bienenwachs lässt du nun unter

Ist die richtige Temperatur erreicht, schmilzt das Bienenwachs recht schnell.

Der Ölauszug sollte zum Schutz der Inhaltsstoffe nicht so stark erhitzt werden. Kontrolliere die Temperatur regelmäßig.

regelmäßigem Rühren abkühlen. Du wirst sehen, dass die Mischung sukzessive ihre Konsistenz verändert und fester wird. Du kannst nun, wenn die Temperatur unter 40 Grad liegt, optional noch Tinkturen, Hydrolate oder ätherische Öle zugeben. Bestenfalls hast du die Tinktur zuvor ebenfalls auf 35–40 Grad erwärmt.

Gib nun einige Tropfen der Salbe auf einen kalten Teller. Sie wird bei Zimmertemperatur schnell fest werden. Ist sie zu weich oder zu fest, kannst du dies durch eine Zugabe von Öl beziehungsweise Bienenwachs ausgleichen. Dazu muss die Mischung nochmals erwärmt werden, bevor du die Komponenten hinzugibst. Passt die Konsistenz, gibst du die Salbe in Tiegel oder Gläschen und lässt sie abkühlen. Decke sie dazu mit einem Küchenkrepp ab. Erst wenn die Salbe vollständig abgekühlt ist, verschließt du die Tiegel, da sich im Deckel sonst Kondenswasser ablagern könnte, was die Haltbarkeit beeinflusst. Das Beschriften nicht vergessen und dann kann die fertige Salbe auch schon verwendet werden.

Gib das flüssige Bienenwachs dann in den erwärmten Ölauszug.

Nun gilt es, noch sorgfältig zu rühren, bis die Mischung abkühlt.

Balsamherstellung - das Grundrezept

Balsame unterscheiden sich von Salben insofern, als die Zusammensetzung der Fette eine andere ist. Es werden neben dem Ölauszug feste Fette wie etwa Kokosfett oder Sheabutter zugegeben. Dadurch sind sie geschmeidiger als Salben und wir profitieren hier natürlich auch von der pflegenden Wirkung der zugeführten Fette. Auch den Balsamen können kleine Mengen Tinkturen beigemischt werden, sodass wir auch die wasser- und alkohollöslichen Wirkstoffe einbringen können.

Die Zutaten:
- 55 ml Ölauszug
- 5–10 g Bienenwachs
- 40–50 ml Fett in Form von Kokosöl, Kakaobutter oder Sheabutter

Optional:
- 4–8 ml Tinktur

Ein Ringelblumenbalsam ist eine wohltuende Pflege für die Haut unserer Hunde. Das Rezept hierzu findest du auf Seite 191.

Die Herstellung

Zunächst stellst du ein Ölmazerat nach einem der Grundrezepte ab Seite 35 her.

Gib nun Bienenwachs in ein Becherglas. In das andere Becherglas gibst du den Ölauszug und die festen Fette, die du mitverarbeiten möchtest.

Fülle nun zwei Töpfe 3–5 cm hoch mit Wasser. In den einen Topf gibst du das Becherglas mit dem Bienenwachs und erhitzt das Wasser auf 65–70 Grad. Das Bienenwachs schmilzt bei etwa 62 Grad. In den zweiten Topf stellst du das Becherglas mit dem Ölauszug sowie den festen Fetten und erwärmst dieses auf 40–45 Grad. Kontrolliere regelmäßig die Temperatur, damit das Öl und die Fette nicht zu warm werden.

Balsame lassen sich ebenso leicht herstellen wie Salben und pflegen durch die Zugabe von Kokosfett oder Shea- und Kakaobutter intensiv.

Ich habe mich hier als festes Fett für die Zugabe von Kakaobutter entschieden.

Sheabutter und Kakaobutter schmelzen ohne Probleme in dem erwärmten Ölauszug.

Das Bienenwachs wird in die flüssige Mischung aus Ölauszug und Fett eingerührt.

Kühlt die Mischung langsam ab, kannst du dann noch einen kleinen Anteil Tinktur oder Hydrolat oder wenige Tropfen ätherisches Öl einarbeiten.

Wenn das Bienenwachs geschmolzen ist, nimmst du das Becherglas aus dem Wasserbad und rührst es in die erwärmte Mischung aus Ölauszug und Fetten ein.

Lasse sie unter regelmäßigem Rühren abkühlen. Die Mischung wird nun ihre Konsistenz verändern und cremig fest werden. Du kannst, wenn die Temperatur unter 40 Grad liegt, optional noch eine Tinktur, ätherische Öle oder Hydrolate zugeben. Erwärme die Tinktur zuvor nach Möglichkeit ebenfalls auf 35–40 Grad.

Nun gibst du einige Tropfen des Balsams auf einen kalten Teller, um die Konsistenz zu prüfen. Ist er zu weich oder zu fest, kannst du dies durch eine Zugabe von Öl beziehungsweise Bienenwachs ausgleichen. Dafür ist dann eine erneute Erwärmung der Mischung nötig.

Ist die Konsistenz gut, füllst du den Balsam in Tiegel und lässt ihn abkühlen – Beschriften der Tiegel bitte nicht vergessen. Während des Abkühlens kannst du die Tiegel mit einem Küchenkrepp abdecken. Erst wenn der Balsam vollständig abgekühlt ist, verschließt du die Tiegel, da sich im Deckel sonst Kondenswasser ablagern könnte, was die Haltbarkeit negativ beeinflusst. Und dann kann der Balsam auch schon aufgetragen werden.

Cremeherstellung - das Grundrezept

Die Herstellung von Cremes ist etwas aufwändiger, aber es lassen sich auch höhere Anteile wässriger Komponenten wie Tinkturen oder Hydrolate einarbeiten.

Cremes sind Emulsionen aus Fett und Wasser. Sie enthalten also neben einer Fettphase auch eine Wasserphase, wie zum Beispiel Tinkturen, Hydrolate, Teeaufgüsse oder destilliertes Wasser. Zwar können wir auch Salben und Balsamen wässrige Komponenten in Form von zum Beispiel Hydrolaten oder Tinkturen zuführen, aber eben nur in geringen Mengen. Bei einer Creme kann die Wasserphase bis zu 40 % betragen. Damit sich die Fett- und die Wasserphase verbinden, bedarf es eines Emulgators. Hier verwende ich gern Lanolin anhydrid.

Cremes wirken aufgrund ihres wässrigen Anteils eher kühlend und sind sehr feuchtigkeitsspendend. Allerdings sind sie aufgrund der wässrigen Komponente nicht so lange haltbar. Ohne Konservierung liegt die Haltbarkeit bei etwa 2–3 Wochen, mit Konservierung etwa 2–3 Monate. Eine natürliche Konservierung der Creme ist über ätherische Öle oder über Alkohol, zum Beispiel in Form einer Tinktur, möglich. Wenn also die Wasserphase eine Tinktur enthält, ist die Konservierung entsprechend gewährleistet. Der Alkoholanteil in der Creme sollte etwa 10–12 % vol. sein. Falls die wässrige Komponente rein aus Hydrolaten oder Teeaufguss besteht, ist es notwendig, Alkohol zuzugeben. Bei den im Buch vorgestellten Creme-Rezepten ist eine Konservierung durch Alkohol entsprechend berücksichtigt.

Eine zarte Creme aus Gänseblümchen und Kamille pflegt die Haut deines Hundes wunderbar und wirkt antibiotisch.

Falls du die Rezepte abwandelst, rechnest du die Alkoholkonzentration wie folgt ein:

Um zum Beispiel für 50 ml Wasserphase einen Alkoholgehalt von 10 % zu erreichen, benötigst du anteilig entweder

- 5,2 ml 96 %igen Alkohol,
- 7,1 ml 70 %igen Alkohol
- oder 12,5 ml 40 %igen Alkohol.

Du nimmst also die gewünschte Menge Wasserphase, multiplizierst mit dem gewünschten Alkoholgehalt von 10 % und teilst durch die Alkoholkonzentration des verwendeten Alkohols.

Die Formel:

50 ml x 10 %: 96 % = 5,2 ml

50 ml x 10 %: 70 % = 7,1 ml

50 ml x 10 %: 40 % = 12,5 ml

Bedeutet also, dass du für 50 ml Wasserphase bei der Verwendung eines 40 %igen Alkohols 12,5 ml Alkohol und 37,5 ml wässrige Komponente wie Tee oder Hydrolat verwendest.

Bei der Herstellung einer Creme ist etwas Konzentration gefragt. Ich stelle mir daher immer alles griffbereit, was ich benötige.

Die Zutaten:

Fettphase:

- 45 ml Ölmazerat oder Öl
- 10–20 g Lanolin anhydrid
- 4–6 g Bienenwachs
- 4–6 g Fett, zum Beispiel Kokosöl oder Sheabutter

Wasserphase:

- 40–45 ml Tinktur, Teeaufguss oder Hydrolat

Optional, falls die Wasserphase aus einem Teeaufguss oder Hydrolat besteht und eine Konservierung gewünscht ist:

- Alkohol, Menge je nach % vol

oder

- 12–20 Tropfen ätherisches Öl

Die Herstellung

Im ersten Schritt solltest du alle Zutaten bereitstellen, denn da bei der Cremeherstellung ein gutes Timing gefragt ist, ist es besser, alles zur Hand zu haben, was man benötigt. Wir beginnen mit der Herstellung der Fettphase. Dazu gibst du Bienenwachs, Lanolin und den Ölauszug / das Öl in ein Becherglas. Wenn du als Fett hitzebeständige Fette wie Kokosöl verwendest, kannst du es ebenfalls direkt mitzugeben. Verwendest du Kakao- oder Sheabutter, gibst du diese erst nach dem Einrühren der Wasserphase hinzu. Erhitze nun das Becherglas im Wasserbad auf 62 Grad.

In ein zweites Becherglas gibst du nun die Komponenten der Wasserphase wie zum Beispiel die Tinktur, das Hydrolat oder den Tee. Dieses zweite Becherglas stellst du nun mit in das Wasserbad, damit es ebenfalls auf 62 Grad erhitzt wird. Die gleiche Temperatur von Wasser- und Fettphase ist wichtig, damit sie sich verbinden. Ist die Temperatur gleich und die Fettphase geschmolzen, nimmst du beide Gläser aus dem Wasserbad.

Im ersten Schritt erhitzen wir das Bienenwachs mit dem Lanolin und dem Ölauszug. Als Fett haben wir hier Kokosöl mit hinzugegeben.

Auch die Wasserphase geben wir im Becherglas mit ins Wasserbad.

Die Temperaturkontrolle ist wichtig, denn Fett- und Wasserphase benötigen exakt die gleiche Temperatur.

Der wichtigste Moment: Wir rühren nun die Wasserphase in die Fettphase ein.

Man sieht sehr schön, wie sich Konsistenz und Farbe verändern. Wichtig ist, dass du langsam rührst, bis die Creme abgekühlt ist.

Die Creme ist nun abgekühlt und hat eine homogene Konsistenz.

Nun rührst du langsam, in einem feinen Strahl, die Wasserphase in die Fettphase ein. Bitte niemals die Fettphase in die Wasserphase. Wie bei einer Mayonnaise wird so lange gerührt, bis eine homogene Masse entstanden ist. Du wirst sehen, dass die Creme zunächst eine milchige Konsistenz hat, dann aber Schritt für Schritt fester wird.

Ist die Creme auf 40 Grad abgekühlt, kannst du die hitzeempfindlichen Komponenten wie Shea- oder Kakaobutter, ätherische Öle und bei Bedarf den konservierenden Alkohol (falls, wie zuvor beschrieben, die Wasserphase nicht ausreichend Alkohol enthält) einrühren.

Du rührst weiter, bis die Creme fast abgekühlt ist, was durchaus etwas dauern kann. Das ist wichtig, da sich ansonsten die Fettphase und die Wasserphase wieder trennen könnten.

Fülle dann die Creme in Tiegel und decke sie mit einem Küchenkrepp ab. Wenn die Creme vollständig abgekühlt ist, verschließt du die Tiegel. Ansonsten kann sich im Deckel Kondenswasser ablagern, was die Haltbarkeit negativ beeinflusst. Beschrifte die Tiegel und nun ist deine selbstgemachte Creme auch schon fertig zur Verwendung.

Tinkturen

Mit Hilfe von Alkohol können wir sehr viele verschiedene Pflanzeninhaltsstoffe auslösen – selbst aus harten Pflanzenteilen wie Wurzeln und Harzen.

Tinkturen sind klassischerweise Pflanzenauszüge auf Alkoholbasis, die die wasser- und alkohollöslichen Inhaltsstoffe aus Pflanzen lösen. Alternativ kann man beispielsweise auch in Essig Pflanzeninhaltsstoffe auslösen. Tinkturen können sowohl pur als auch mit Wasser verdünnt angewendet werden – je nach Tinktur – aber auch Salben, Cremes und Balsamen beigemischt werden. So kann man mit dem in der Salbe, Creme oder Balsam verwendeten Ölauszug die Wirkung der fettlöslichen Stoffe nutzen und mit der Tinktur die wasser- und alkohollöslichen Wirkstoffe.

Alkohol als Auszugsmittel löst besonders gut ätherische Öle, Harze, fettlösliche Stoffe wie Cumarine, Phytosterole und Carotinoide.

Grundsätzlich hat Alkohol als Lösungsmittel den Vorteil, dass er wasser-, alkohol- und auch die meisten fettlöslichen Bestandteile aus den Pflanzenteilen löst.

Tinkturen haben durch den Alkohol als Konservierung eine ausgesprochen lange Haltbarkeit von 2–3 Jahren bei richtiger Lagerung. Alkohol fördert auch die Wirkstoffaufnahme. Wird die Tinktur zum Beispiel äußerlich aufgetragen, verbessert sich die Aufnahme der Wirkstoffe und auch die Durchblutung wird angeregt.

Tinkturen sollten im besten Fall aus frischen Pflanzenteilen hergestellt werden, da wir hier den geringsten Wirkstoffverlust haben. Auch gehen die Wirkstoffe durch die noch weichen Zellwände der Frischpflanzen schneller in den Alkohol über.

Doch auch getrocknete Pflanzen können genutzt werden. Sie haben den Vorteil, dass sie jederzeit verfügbar sind und verarbeitet werden können. Zu berücksichtigen gilt, dass es durch die Trocknung zu einem Wirkstoffverlust kommt. Achte bei der Verwendung getrockneter Pflanzenteile darauf, dass die Blüten und Blätter möglichst unzerkleinert sind.

Bei der Verwendung getrockneter Pflanzenteile sind die Mischungsverhältnisse zwischen Alkohol und Pflanzenteilen entsprechend unterschiedlich, da bei getrockneten Pflanzenteilen der Wasseranteil der Pflanze fehlt.

> **Extra-Wissen:**
> *Es gibt Pflanzen, die tatsächlich nur als Frischpflanze verarbeitet werden können, da beim Trocknen die wichtigen Inhaltsstoffe, die wir nutzen wollen, verloren gehen. Dazu gehört zum Beispiel die Kapuzinerkresse.*

Tinkturen können sowohl als Einzeltinktur als auch als Tinkturmischung, bestehend aus verschiedenen Pflanzen, hergestellt werden. Zusammengesetzte Tinkturen bestehen aus Pflanzen, die sich gegenseitig ergänzen, um die gewünschte Wirkung zu verstärken. Du kannst auch verschiedene Einzeltinkturen herstellen und diese im Nachhinein zusammenmischen.

Die meisten Wirkstoffe lassen sich mit Alkohol mit einem Alkoholgehalt von 30–50 % vol ausziehen. Für Wurzeln, Rinden sowie Propolis hingegen wird 70 % vol Alkohol, für Harze sogar nach 70–96 % vol Alkohol verwendet.

Ist der Alkohol in den Tinkturen ein Risiko für meinen Hund?

Ich verstehe die Unsicherheit, ob es für unsere Hunde schädlich ist, wenn sie Tinkturen auf Alkoholbasis verabreicht bekommen. Tinkturen werden in der Regel in kleinen Mengen verabreicht. Zudem enthält zum Beispiel eine reife Banane deutlich mehr Alkohol als Tinkturen.

Meine Empfehlung für die Verabreichung alkoholhaltiger Tinkturen:

Methode 1: Offen stehen lassen
- Gib die gewünschte Menge Tinktur, zum Beispiel für die Tagesdosis, in ein kleines Glas oder eine Schale. Je größer die Oberfläche (zum Beispiel eine flache Schale statt Glas), desto schneller verdunstet der Alkohol.
- Lass sie bei Raumtemperatur für etwa 20–30 Minuten stehen. Du kannst leicht umrühren oder schwenken, um die Verdunstung zu beschleunigen. Ein großer Teil des Alkohols verflüchtigt sich dabei.

Methode 2: Warmes Wasser verwenden
- Diese Variante ist ideal, wenn du die Tinktur direkt vor der Gabe oder Anwendung verdünnst.
- Erwärme etwas Wasser (handwarm, nicht heißer als 40 °C).
- Gib die Tinktur in dieses warme Wasser.
- Rühre kurz um und lass sie 1–2 Minuten stehen.
- Durch die Wärme verdunstet der Alkohol schneller, und das Wasser dient als Träger.

Falls du lieber auf Alkohol bei der Tinkturherstellung verzichten möchtest oder bei Lebererkrankungen, Epilepsie, während der Trächtigkeit oder im Welpenalter (auch säugende Hündinnen), würde ich zum Beispiel auf Essig als Auszugsmittel zurückgreifen.

Hier empfehle ich dir etwa, einen guten Apfelessig zu verwenden. Die Haltbarkeit von Essigtinkturen ist mit sechs Monaten deutlich geringer als bei Alkoholtinkturen.

Die Auslösung der Inhaltsstoffe ist schlechter als die Extraktion mittels Alkohols. Ich empfehle dir daher, diese etwas höher zu dosieren.

Zubehör - das benötigst du zur Herstellung einer Tinktur

Bezüglich der Auszugsgefäße wird immer wieder diskutiert, ob die Gläser durchsichtig sein dürfen. Bei einer kurzen Auszugszeit bis zu 14 Tagen ist dies kein Problem. Für die dauerhafte Lagerung deiner Tinktur hingegen empfehle ich dir, für einen ausreichenden Lichtschutz nach Möglichkeit Braunglasbehältnisse zu verwenden, damit keine Wirkstoffe verloren gehen.

Was es jedoch bei den Auszugsgefäßen zu beachten gibt, ist, dass häufig gebrauchte Gläser mit Schraubdeckel verwendet werden. Häufig sind diese innen mit einer Kunststoffdichtung beschichtet, die nicht chemikalienbeständig ist. Wenn für den Auszug etwa hochprozentiges Ethanol verwendet wird und dieser länger darauf einwirkt, können die Weichmacher und andere Stoffe aus der Dichtung gelöst werden und in die Tinktur übergehen. Dasselbe gilt für die Gummidichtungen von Einmachgläsern. Frei von Weichmachern sind zum Beispiel die Blueseal-Schraubdeckel (erkennbar am blauen Dichtungsring innerhalb des Deckels). Bei der Verwendung herkömmlicher Schraubdeckelgläser solltest du darauf achten, dass der Alkohol nicht über längere Zeit mit dem Schraubdeckel in Verbindung kommt.

- Messer & Schneidebrett
- Mörser (optional)
- Trichter
- Sieb
- Kaffeefilter und Filterpapier
- Auszugsgefäße
- Klebeetiketten
- Fläschchen aus Braunglas, mit Tropfaufsatz oder Pipette

Das Zubehör für die Herstellung einer Tinktur findet sich in jedem Haushalt.

Qualitätsparameter zur Herstellung einer Tinktur

Um eine qualitativ hochwertige Tinktur herzustellen, gibt es verschiedene Faktoren, die wichtig sind und die alle in Wechselwirkung zueinanderstehen.

Die Qualität der verwendeten Pflanzenteile

Nur wenn die Pflanzen genug Wirkstoffe enthalten, kann die fertige Tinktur reich an Wirkstoffen sein. Achte dafür auf jeden Fall auf Faktoren wie zum Beispiel den richtigen Erntezeitpunkt und, wenn du getrocknete Pflanzenteile verwendest, dass die Pflanzenteile möglichst wenig zerkleinert und lichtgeschützt gelagert wurden.

Die Herstellung einer Tinktur ist einfach, dennoch gibt es ein paar Punkte zu beachten, damit sie reich an Wirkstoffen ist.

Der Zerkleinerungsgrad der Pflanzenteile

Je besser die Pflanzenteile zerkleinert werden, desto besser können die Pflanzeninhaltsstoffe durch den Alkohol ausgelöst werden. Ganz besonders wichtig ist dies bei Rinden, Samen und Wurzeln, da ihre Zellwände nur schwer durchlässig sind.

Ansatzverhältnis

Achte darauf, dass das Verhältnis zwischen Pflanzenteilen und Extraktionsflüssigkeit ausgewogen ist, um eine ausreichende Wirkstoffkonzentration zu erreichen.

Mein zusätzlicher Tipp:

Wenn du die Pflanzenteile zerkleinerst, kannst du sie grob mit dem Messer zerkleinern und sie dann in einen Mörser geben, wo du bereits etwas Alkohol hinzugibst. Im Mörser zerkleinerst du sie dann nochmals weiter, im Schutz des Alkohols. Dadurch schaffst du ein „geschlossenes System" und verhinderst, dass während der Zerkleinerung die Wirkstoffe nicht oxidieren, sondern direkt durch den Alkohol aufgenommen werden.

Extraktionsdauer

Lange Auszugszeiten von mehreren Wochen sind nicht nötig. Beim Ansetzen von Tinkturen haben wir ein sogenanntes Konzentrationsgefälle, das mit der Dauer des Auszugs immer weiter sinkt. Das bedeutet, schon nach relativ kurzer Zeit sind die Inhaltsstoffe in die Extraktionsflüssigkeit übergegangen. Dies ist in der Regel je nach verwendeten Pflanzenteilen bereits nach 5–10 Tagen erreicht. Ich setze Tinkturen daher in der Regel zwischen 7–14 Tagen an. Wenn du allerdings deine Tinktur länger ausziehst, hat dies keinen Wirk- oder Qualitätsverlust zur Folge.

Die Pflanzenteile in etwas Alkohol zu zerkleinern, ist ein weiterer Schritt, um einen möglichst hohen Wirkstoffgehalt zu erzielen.

Regelmäßige Bewegung

Der Ansatz sollte mindestens einmal täglich, besser mehrmals, umgerührt oder leicht geschüttelt werden. So lösen sich die Pflanzeninhaltsstoffe besser aus den Pflanzenteilen.

Die Temperatur

Du solltest deinen Auszug keinesfalls in die Sonne stellen, da es durch die Wärme und das UV-Licht zu Oxidationsprozessen kommt und somit zu einem Wirkstoffverlust. Die optimale Auszugstemperatur liegt zwischen 30–40 Grad. Ein warmer, jedoch schattiger Platz ist optimal.

Lagerung der fertigen Tinktur

Damit eine Tinktur lange haltbar bleibt und keine Wirkstoffe verloren gehen, solltest du sie nach dem Abfiltern in ein lichtgeschütztes Behältnis umfüllen und möglichst an einem kühlen, dunklen Ort lagern. So sind sie gut 2–3 Jahre haltbar. Übrigens gewinnen Tinkturen noch an Qualität, wenn sie vor der Verwendung noch einige Wochen gelagert werden.

Tipp

Hast du kein Braunglasbehältnis, dann kannst du ein Behältnis auch mit beispielsweise Alufolie oder Papier abkleben.

Grundrezept zur Herstellung einer Tinktur

Die Herstellung einer Tinktur ist denkbar unkompliziert. Mit dem unten beschriebenen Grundrezept und der Herstellungsanleitung kannst du sämtliche Tinkturrezepte in diesem Buch herstellen.

Die klassische Apothekertinktur wird in der Regel mit einem Teil Kräuter und 5–10 Teilen Alkohol oder alternativ Essig angesetzt. Falls möglich, empfehle ich dir, die Tinktur mit frischen Pflanzenteilen herzustellen.

Für die Herstellung von 100 ml Tinktur (1:5) benötigst du:

- 100 ml Auszugsflüssigkeit wie Alkohol oder alternativ Essig – ich empfehle dir, einen milden und hochwertigen Apfelessig zu verwenden

Als grobe Faustregel hinsichtlich der % vol des Alkohols kannst du nehmen:

- Für Blüten und Blätter 30–55 % vol
- Für Wurzeln und Rinden 55–70 % vol
- Für Harze 70–96 % vol

Bei frischen Pflanzenteilen

- ca. 20 Gramm frische Blätter oder Blüten - die frischen Blätter und Blüten sollten leicht angewelkt sein, um den Wasseranteil zu reduzieren
- ca. 20 Gramm frische Wurzeln

Bei getrockneten Pflanzenteilen

- ca. 10–15 Gramm getrocknete Blätter oder Blüten
- ca. 10–15 Gramm getrocknete Wurzel

Bitte beachte: Dies sind nur Richtwerte. So haben beispielsweise 10 Gramm Gänseblümchenblüten ein anderes Volumen als 10 Gramm Brennnesselsamen. Wichtig ist in allererster Linie, dass die Pflanzenteile gänzlich von der Auszugsflüssigkeit bedeckt sind.

Wenn ich dir in den Rezepturen der Tinkturmischungen nun 50 Gramm Kräuterzutaten zusammenstelle, dann nimmst du entsprechend fünf Mal so viel Auszugsflüssigkeit, also 250 ml.

Anleitung für die Herstellung einer Tinktur

Wenn du für die Herstellung deiner Tinktur frische Pflanzenteile verwendest, ist es wichtig, die Kräuter auf Verschmutzungen oder welke Stellen zu überprüfen. Auch bei getrockneten Kräutern empfehle ich, hier sicherheitshalber nochmals die Qualität zu prüfen.

Nun zerkleinern wir die Pflanzenteile. Ich empfehle dir, die Pflanzenteile zunächst grob auf einem Schneidebrett mit dem Messer zu zerkleinern. Dann gibst du sie mit etwas Auszugsmittel in den Mörser und zerkleinerst sie weiter. Es darf ruhig eine breiartige Masse entstehen. Hast du keinen Mörser, zerkleinerst du die Pflanzenteile einfach so gut wie möglich. Die zerkleinerten Pflanzenteile beziehungsweise den Pflanzenbrei gibst du dann in das Auszugsgefäß und füllst mit dem restlichen Auszugsmittel auf. Verschließe das Glas dicht, sodass kein Alkohol durch Verdunstung entweichen kann.

Eine sorgfältige Zerkleinerung der Pflanzenteile ist wichtig, damit die Inhaltsstoffe möglichst gut ausgezogen werden können.

Durch etwas Zugabe des Auszugsmittels in die Pflanzenteile verhindern wir, dass beispielsweise ätherische Öle im Zerkleinerungsprozess verloren gehen.

Schritt für Schritt entsteht eine breiartige Masse.

Nun gibst du die Pflanzenteile in ein Auszugsgefäß ...

Stelle das Gefäß nun 7–14 Tage an einen warmen, aber schattigen Platz. Achte darauf, dass es keinem direkten Sonnenlicht ausgesetzt ist. Längere Auszugszeiten schaden der Qualität der Tinktur nicht.

Den Ansatz für deine Tinktur solltest du nun regelmäßig, sprich ein- bis mehrmals täglich, umrühren oder leicht schütteln, damit die Wirkstoffe gut in die Auszugsflüssigkeit übergehen.

Nach 7–14 Tagen filterst du die fertige Tinktur. Dafür filterst du sie zunächst durch ein Feinsieb ab. Presse den Rückstand gut aus. Danach filterst du die Tinktur bei Bedarf nochmals durch einen Kaffee- oder Teefilter, um Schwebstoffe zu entfernen. Wichtig: Die Schwebstoffe mindern grundsätzlich die Qualität der Tinktur nicht.

Bei Tinkturen aus Schleimstoffpflanzen wie beispielsweise der Eibischwurzel

... und übergießt sie mit der Auszugsflüssigkeit.

Die Pflanzenteile, die ihre Wirkstoffe nun an die Auszugsflüssigkeit abgegeben haben, filtern wir aus der fertigen Tinktur heraus.

ist eine Filtration durch das Sieb ausreichend, da ansonsten bei einer zu feinen Filtration die wertvollen Schleimstoffe zurückgehalten würden.

Dann füllst du die fertige Tinktur in ein Braunglasgefäß ab und beschriftest es. Ich empfehle dir, neben der Pflanze auch das Herstellungsdatum zu notieren. Die Tinktur kann sofort genutzt werden, aber auch noch einige Wochen zur „Reifung" gelagert werden.

Wenn du deine Tinktur mit Essig herstellst, solltest du sie mindestens 14 Tage ausziehen lassen. Der Essig ist aufgrund seines Säuregehaltes ein weniger starkes Lösungsmittel. Daher solltest du bei der Gabe einer Essigtinktur diese auch etwas höher dosieren. Bedenke auch, dass die Haltbarkeit bei etwa sechs Monaten liegt. Falls du bei der Verwendung von Essig feststellst, dass es zu Schlierenbildung kommt: Dies ist kein Schimmel. Es handelt sich um eine Ansammlung von Essigsäurebakterien.

Die „Schnellextraktion" - wenn es mal ganz fix gehen muss

Wenn du eine Tinktur zügig benötigst, kannst du diese auch mittels einer Schnellextraktion sehr unkompliziert herstellen. Dafür mixt du die Pflanzenteile mindestens drei Minuten in der Auszugsflüssigkeit mit einem Stabmixer oder auch einem Hochleistungsmixer – je nachdem, was du zur Hand hast. Achte nur darauf, dass sich der Auszug durch die hohe Drehzahl nicht zu stark erwärmt. Mache dann einfach kurze Pausen.

Lasse den Auszug dann 30 Minuten stehen, bevor du ihn abfilterst, wie oben beschrieben durch ein Feinsieb und im Anschluss durch einen Kaffee- oder Teefilter.

Du kannst diese Schnellextraktion auch manuell mit einem Mörser durchführen, was etwas aufwändiger ist, aber ein etwas besseres Ergebnis bietet. Du gibst hierfür die zerkleinerten Pflanzenteile in einen Mörser mit grober Innenfläche und übergießt sie mit etwas Auszugsflüssigkeit. Der Alkohol umschließt hier wieder die geöffneten Pflanzenzellen, sodass wir wenig Wirkstoffverlust haben. Du zerstößt und zerreibst nun 20 Minuten lang die Pflanzenteile im Mörser und kannst sukzessive mehr Auszugsflüssigkeit hinzugeben.

Auch wenn dies sehr anstrengend klingt, empfehle ich dir, es als schönes Ritual zu nehmen und dich an einen schönen Platz zu setzen, während du die Tinktur herstellst. Nach den 20 Minuten lässt du den Ansatz 30 Minuten stehen, bevor du ihn wie oben beschrieben abfilterst. Die Tinktur ist nach dem Schnellverfahren, ganz gleich ob manuell oder mit Mixer, sofort gebrauchsfertig und wirkungsvoll.

Übrigens: Du kannst den fertigen Ansatz vor dem Abfiltern natürlich auch wie beim klassischen Verfahren nochmals einige Tage stehen lassen, bevor du abfilterst.

Ich mache die sogenannte „Schnellextraktion" sehr gern manuell mit dem Mörser, auch wenn sie einen Moment länger dauert - einfach, weil es ein schöner, fast meditativer Prozess ist.

Infusum (Tee), Dekokt und Kaltauszug

Diese Arten der Kräuterauszüge können sowohl innerlich eingenommen werden, aber auch für Wickel, Auflagen, Kompressen und Waschungen verwendet werden. Hier gibt es verschiedene Zubereitungsformen und man unterscheidet zwischen Infus, Dekokt und Kaltmazerat.

Heißwasseraufguss (Infusum) - Teezubereitung

Ein Heißwasseraufguss beziehungsweise eine Teezubereitung eignet sich vor allem für wasserlösliche Inhaltsstoffe wie beispielsweise Flavonoide. Hergestellt werden kann er grundsätzlich aus allen Pflanzenteilen, also Blättern, Blüten, Früchten, Samen sowie zerkleinerten Rinden und Wurzeln. Zur Herstellung übergießt du 1–2 Teelöffel frischer oder getrockneter Kräuter mit etwa 0,25 Liter siedendem Wasser – bei festen Pflanzen und Pflanzen ohne ätherische Öle – beziehungsweise nicht mehr sprudelndem Wasser – bei ätherisch ölhaltigen Pflanzen oder zarten Pflanzenteilen.

Du lässt die Teezubereitung nun zwischen 5–20 Minuten zugedeckt ziehen. Dass der Tee während der Ziehzeit zugedeckt ist, verhindert, dass ätherische Öle sich verflüchtigen. Das Kondenswasser, das sich im Deckel ablagert, gibst du im Anschluss wieder mit in den Tee.

Danach gießt du den Tee durch ein Sieb ab, um die Pflanzenteile abzufiltern. Bei Kamillen zum Beispiel empfehle ich dir nun, nochmal durch einen sehr feinen Teefilter abzufiltern. Wenn du frische, sehr zarte Blüten oder Blätter verwendest, kannst du auch eine Sekundenüberbrühung machen, sprich die Ziehzeit auf 20–30 Sekunden verkürzen. Wenn du harte Pflanzenteile mit ätherischen Ölen für deine Teezubereitung verwendest, kannst du die Zubereitung nach dem Übergießen mit heißem Wasser bis zum Erkalten zugedeckt stehen lassen. Dies bezeichnet man dann als Infusmazerat.

Teezubereitungen und Dekokte lassen sich sehr unkompliziert herstellen und eignen sich abgekühlt sowohl für die innerliche Verabreichung als auch zur topischen Behandlung.

Dekokt - Abkochung (Decoctum)

Als Dekokt bezeichnet man einen wässrigen, durch Kochen gewonnenen Auszug aus Pflanzen. Es eignet sich besonders für härtere Pflanzenteile wie Rinden oder Wurzeln und Pflanzen, die schwerlösliche, hitzebeständige Bestandteile wie Kieselsäure enthalten, wie der Ackerschachtelhalm, die nur durch eine längere Kochzeit ausgelöst werden. Dafür zerkleinerst du die Pflanzenteile grob und setzt sie in kaltem Wasser im Verhältnis 1:10 an. Erhitze die Mischung nun und lasse sie 15–30 Minuten zugedeckt köcheln. Lasse das Dekokt dann noch etwas nachziehen und gieße es dann durch ein Sieb ab.

Kaltwasserauszug (Mazerat)

Kaltwasserauszüge nutzt man für Pflanzen, deren Wirkstoffe beim Erhitzen zerstört würden. Dies gilt beispielsweise für Pflanzen mit einem hohen Schleimstoffgehalt wie Malvenblüten. Dafür zerkleinerst du die Pflanzenteile und gibst sie im Mischungsverhältnis 1:5 in kaltes Wasser. Lasse sie dann mehrere Stunden oder, falls möglich, über Nacht zugedeckt ziehen. Rühre gerne auch ab und zu um, um den Übergang der Pflanzeninhaltsstoffe ins Wasser zu erleichtern. Dann gießt du den Kaltauszug durch ein Sieb ab. Du kannst ihn dann kalt oder leicht erwärmt verabreichen.

Dekokte, Teezubereitungen und Kaltauszüge sind gekühlt 2–3 Tage haltbar.

Kaltauszüge eignen sich sehr gut für schleimstoffhaltige Pflanzenteile wie Malvenblüten, deren Inhaltsstoffe durch Erhitzen zerstört würden.

Wickel, Auflagen & Kompressen herstellen

In verschiedenen Kapiteln wie für den Bewegungsapparat oder Haut- und Wundpflege empfehle ich dir, Tinkturen, Tinkturmischungen, Tees und Dekokte als Wickel, Auflage oder Kompresse anzuwenden. Hier stelle ich dir kurze Anleitungen zur Herstellung bereit:

Herstellung eines Wickels

Du nimmst die Tinktur und mischst sie mit lauwarmem Wasser im Verhältnis 1:5 – bei sehr empfindlichen Hunden gerne auch 1:10. Tauche darin dann ein Leintuch oder Baumwolltuch ein und wringe es aus. Stellst du einen Wickel aus einem Tee oder Dekokt her, so gibst du das Tuch dorthinein und wringst es gut aus. Das Tuch faltest du dann auf die passende Größe für den zu behandelnden Bereich zusammen. Lege es nun auf die betroffene Stelle. Darüber wickelst du ein trockenes Zwischentuch aus Baumwolle. Es soll ein paar Zentimeter größer sein als das erste Tuch. Es sorgt dafür, dass der Verdunstungsprozess langsam und gleichmäßig abläuft. Bitte achte darauf, dass du den Wickel nicht zu straff anlegst und dass sich keine Falten bilden. Überprüfe nach einigen Minuten die Haut deines Hundes auf Reaktionen. Wichtig ist auch, dass dein Hund sich mit der Behandlung wohlfühlt. Wenn er Unwohlsein zeigt oder unruhig wird, entferne bitte den Wickel. Der Wickel sollte zwischen 10 und 15 Minuten auf deinem Hund verbleiben. Achte darauf, dass dein Hund während der Anwendung ruht und nicht friert. Gib deinem Hund nach dem Wickel etwas Zeit, um nachzuruhen. Dein Hund sollte während der Behandlung nicht unbeaufsichtigt sein.

Wann sind Wickel tabu?

- offene Wunden
- Nieren- oder Blasenentzündung
- schwere Herzerkrankungen
- arterielle Durchblutungsstörungen
- Karzinom
- Überempfindlichkeit gegen Kälte
- Allergien oder Unverträglichkeiten gegen die Inhaltsstoffe

Herstellung einer Auflage

Die Auflage ist die „kleine Schwester" des Wickels: eine einzige, gut angefeuchtete Lage, die direkt auf die betroffene Stelle gelegt wird – ohne Isolierlage. Hierfür nimmst du wie beim Wickel entweder eine Tinktur, die du wie angegeben mit Wasser verdünnst, oder einen Tee oder Dekokt. Dorthinein tauchst du ein Leinen- oder Baumwolltuch und wringst es dann gut aus. Lege es dann auf den zu behandelnden Bereich. Die Auflage kann zwischen 5 und 15 Minuten auf deinem Hund verbleiben. Die Kontraindikationen entsprechen denen eines Wickels.

Kompresse

Die Kompresse ist punktgenau: ein kleines, steriles Pad oder ein sauber gefalteter Mull, der gezielt mit einer Tinktur-Wasser-Mischung, Tee oder Dekokt getränkt und kurz aufgelegt oder aufgetupft wird. Sie eignet sich für kleine Schürfungen, die Wundrandpflege, einzelne nässende Punkte im Fell oder die Nachversorgung nach dem Säubern. Auch für Bereiche wie etwa zwischen den Zehen, die schwer erreichbar sind, eignen sich Kompressen sehr gut. Hier gilt: nur handwarm, nicht reiben, nicht auf offene, tiefe Wunden.

Teil 3

Rezepte

Die Vorgehensweise für die Herstellung eines Ölauszugs, von Tinkturen, eines Balsams, einer Creme oder Salbe findest du wie folgt:

- Ölauszug – Warmauszug: Seite 35
- Ölauszug – Heißauszug: Seite 38
- Salbe: Seite 43
- Balsam: Seite 46
- Creme: Seite 49
- Tinktur: Seite 58
- Tee: Seite 63
- Kaltauszug: Seite 64
- Dekokt: Seite 64

Wenn du also zum Beispiel für die Herstellung der Löwenzahnsalbe ausführliche Informationen zur Herstellung benötigst, dann schlage einfach beim Grundrezept für Salben nach. In den einzelnen Rezepturen erhältst du Wissen zu Anwendungsmöglichkeiten, der Wirkweise und den Inhaltsstoffen der verschiedenen Pflanzen, sodass du ganz genau weißt, was die Zubereitung bei deinem Hund bewirken soll. Auch Kontraindikationen führe ich dir mit auf. Ebenso findest du Dosierungsempfehlungen bei oraler Aufnahme und Empfehlungen zur Nutzung der Zubereitungen wie etwa für Wickel oder Auflagen.

Ich habe dir in den Rezepturen angegeben, wie hoch der Anteil der Pflanzen ist, wenn du frische Pflanzenteile verwendest, und ebenso für getrocknete Pflanzenteile – je nachdem, was du verwenden möchtest.

Die verschiedenen Rezepturen habe ich dir der Übersichtlichkeit halber in die verschiedenen Anwendungsbereiche beziehungsweise Körperbereiche unterteilt. Daher wird es häufiger vorkommen, dass dir dieselbe Pflanze in unterschiedlicher Zubereitung mehrmals im Buch begegnet. So wirkt die Malve beispielsweise auf den Magen, kann aber auch am Auge eingesetzt werden.

Nun wünsche ich dir von Herzen ganz viel Freude bei der Herstellung von Tinkturen, Ölauszügen, Cremes, Balsamen, Salben, Dekokten und vielem mehr zur Unterstützung der Gesundheit deines Hundes!

Info:

Die in den Dosierungsangaben der Rezepte angegebene Abkürzung KM steht für Körpermasse (= Körpergewicht).

Rezepturen für den Atmungstrakt

Beim Atmungstrakt des Hundes unterscheidet man einen Bereich, der für die Leitung der Atemluft zuständig ist, und den, der den Gasaustausch zwischen Blut und Luft ermöglicht. Das bedeutet, dass der Sauerstoff ins Blut gelangt und Kohlendioxid wiederum ausgeatmet wird. Zum luftleitenden System gehören die Nasenhöhlen, die Luftröhre und die Bronchien. Hier wird die Atemluft angewärmt, befeuchtet und gefiltert.

Dieser Bereich ist mit einer Schleimhaut überzogen, die neben feuchtigkeits- und schleimabsondernden Drüsen auch sogenannte Flimmerhärchen besitzt. Die Drüsen bilden einen Schutzfilm auf der Schleimhaut, wo Krankheitserreger sowie Schmutz aus der Atemluft fest haften bleiben und von den Flimmerhärchen in den Rachen abtransportiert und vom Hund abgeschluckt werden. Bei ausreichend frischer und qualitativ guter Atemluft werden die Atemwege durch diesen Selbstreinigungsmechanismus hervorragend geschützt.

Kommt es zu Entzündungen in den Atemwegen, ausgelöst durch Reizungen der Schleimhäute, beispielsweise durch Schadstoffe in der Luft, zu trockene oder zu feuchte Luft oder Erkältungen, können Viren und Bakterien eindringen und sich in der Schleimhaut vermehren und sie schädigen.

Hier spielt auch das Immunsystem eine große Rolle. Nicht automatisch muss es also zu einer Erkrankung kommen. Wird die körpereigene Abwehr aktiviert, können Krankheitserreger vernichtet werden und es kann sich auch eine Immunität entwickeln. Übrigens, auch ein durch Stress geschwächtes Immunsystem kann Atemwegsinfekte begünstigen.

Wie können wir die Atemwege mit Kräutern unterstützen?

Grundsätzlich haben wir vielfältige Möglichkeiten, bei Erkrankungen der Atemwege mit dem Einsatz von Kräutern zu unterstützen. Sinnvoll ist die Gabe etwa bei Erkältungen und grippalen Infekten sowie bei bakteriellen Infekten, bei chronischen Atemwegsinfekten, bei einem schwachen Immunsystem, bei Anfälligkeit für Atemwegsinfekte sowie bei allergisch bedingten Atemwegsproblemen. Durch die Gabe von Kräutern können wir die Schleimhäute besser durchbluten und zähen Schleim verflüssigen. So erleichtern wir das Abhusten. Zudem werden die Flimmerhärchen „befreit" und sie können die Atemluft wieder besser reinigen. Trockene Schleimhäute können wir befeuchten und so den Hustenreiz lindern. Wir können die Eliminierung von Viren und Bakterien unterstützen und das Immunsystem stärken. Weiterhin kann die verkrampfte Muskulatur der Bronchien entspannt werden und die Bronchien sich so wieder weiten und mehr Luft einströmen lassen.

Tinkturen

Folgende Tinkturen können begleitend bei Atemwegserkrankungen eingesetzt werden, um das Immunsystem zu unterstützen:

- Echinaceatinktur siehe Seite 119
- Propolistinktur siehe Seite 120
- Erkältungsstop-Tinktur siehe Seite 123
- Immunbooster-Tinktur siehe Seite 124

Einzeltinkturen

Spitzwegerichtinktur

Spitzwegerich *(Plantago lanceolata)* ist eine heimische Pflanze, die auf Wiesen, Wegen und in Gärten wächst. Er gehört zur Familie der Wegerichgewächse und wird seit Jahrhunderten vielfältig eingesetzt und besonders gern bei Reizungen der Atemwege und der Schleimhäute. Spitzwegerich wird traditionell verwendet bei beispielsweise Erkältungskrankheiten, Reizhusten, Halsentzündungen, Bronchitis, Heiserkeit und grippalen Infekten. Er ist ideal bei trockenem, unproduktivem Husten, aber auch zur Linderung bei begleitenden Schleimhautentzündungen.

Spitzwegerich ist eine klassische Pflanze für die Atemwege. Sie ist in unseren Breitengraden überall leicht zu finden und wächst oft großflächig.

Die im Spitzwegerich enthaltenen Schleimstoffe legen sich wie ein schützender Film über gereizte Schleimhäute in Rachen und Bronchien und lindern so spürbar den Hustenreiz. Gleichzeitig entfaltet er durch Inhaltsstoffe wie Aucubin und Flavonoide eine entzündungshemmende Wirkung, die Reizungen im Hals-Rachen-Raum sanft abklingen lässt. Zusätzlich wirkt Spitzwegerich antibakteriell und unterstützt die körpereigene Abwehr – besonders in der Anfangsphase eines Infekts. Seine hustenstillenden Eigenschaften machen ihn außerdem zu einer idealen Pflanze bei trockenem Reizhusten, da er beruhigt, ohne die Bronchien zu belasten.

Die Spitzwegerichtinktur stellst du nach dem Grundrezept zur Herstellung von Tinkturen auf Seite 58 ff. her. Zur Herstellung verwendest du die frischen oder getrockneten Blätter des Spitzwegerichs.

Dosierung: Tinktur 1–2 ml/10 kg KM 3× täglich

Andorntinktur

Andorn gehört zu den klassischen Hustendrogen der Phytotherapie. Bei Hunden mit produktiver Bronchitis, Zwingerhusten, zähem Schleim durch Erkältung oder verschleimtem, hartnäckigem Husten kann er die Reinigung der Atemwege sanft unterstützen. Verantwortlich ist vor allem der Bitterstoff Marrubin: Er fördert die Bronchialsekretion, verflüssigt zähen Schleim und erleichtert das Abhusten. Zugleich werden entzündliche Reize im Bronchialsystem abgemildert. Traditionell wird Andorn deshalb als expektorierend und sekretolytisch beschrieben – ideal, wenn dein Hund zwar hustet, aber Unterstützung beim Lösen der Sekrete braucht.

Seine Wirkweise beruht auf einem bewährten Phytokomplex: Neben Marrubin finden sich unter anderem Flavonoide, Phenolsäuren und Gerbstoffe. Zusammen wirken sie schleimlösend, mild bronchospasmolytisch und entzündungsmodulierend – eine Kombination, die die Atemwege beruhigt und die mukoziliäre Clearance unterstützt. Als „bitteres Tonikum" regt Andorn zudem reflektorisch Sekretionen an, was die expektorierende Wirkung flankiert und auch den Appetit anregt.

Die Andorntinktur stellst du nach dem Grundrezept zur Herstellung von Tinkturen auf Seite 58 ff. her. Hierfür verwendest du das frische oder getrocknete obere blühende Kraut.

Dosierung: Tinktur 2–4 Tropfen/kg KM 3× täglich

Gegenanzeigen: Nicht bei trächtigen oder laktierenden Tieren anwenden. Andorn kann die Gebärmutter stimulieren und zum Abort führen.

Fencheltinktur

Fenchel *(Foeniculum vulgare)* gehört zur Familie der Doldenblütler. Ursprünglich im Mittelmeerraum beheimatet, wird er heute weltweit kultiviert. In der Pflanzenheilkunde werden vor allem die getrockneten Fenchelfrüchte (oft „Fenchelsa-

Vielen ist Fenchel bekannt im Einsatz gegen Bauchweh, doch auch bei Atemwegsproblemen wie Hustenreiz und Verschleimung ist er hilfreich.

men" genannt) verwendet, die reich an ätherischem Öl sind. Neben seiner verdauungsfördernden Wirkung und zur Linderung von Beschwerden des Magen-Darm-Traktes wird Fenchel traditionell bei Atemwegserkrankungen eingesetzt – insbesondere zur Auswurfförderung bei Husten und Bronchitis sowie bei Erkältungssymptomen.

Seine Wirkung bei Atemwegserkrankungen entfaltet Fenchel vor allem durch das enthaltene ätherische Öl. Dieses wirkt schleimlösend, beruhigend, entzündungshemmend und mild krampflösend, wodurch der Abtransport von festsitzendem Schleim in den Bronchien erleichtert und der Hustenreiz gelindert wird. Darüber hinaus besitzt Fenchel antibakterielle Eigenschaften und kann die gereizten Schleimhäute beruhigen. Das ätherische Öl regt außerdem die Durchblutung an und unterstützt die Selbstreinigung der Atemwege.

Die Fencheltinktur stellst du nach dem Grundrezept zur Herstellung von Tinkturen auf Seite 58 ff. her. Für die Herstellung der Tinktur verwendest du frische oder getrocknete Fenchelfrüchte. Diese solltest du unbedingt vor dem Ansetzen der Tinktur anstoßen.

Dosierung: 2 Tropfen/kg KM

Tinkturmischungen

Husten-adé-Tinktur

Die Kräuterkombination in der Husten-adé-Tinktur vereint verschiedene Kräuter zur sanften, aber wirkungsvollen Linderung von Husten und Erkältungsbeschwerden.

Die Königskerze wirkt auswurffördernd, schleimlösend, zugleich reizlindernd und antimikrobiell. Fenchel wirkt reizmildernd, fördert die Schleimlösung und bringt zusätzlich eine entspannende Wirkung auf die Bronchialmuskulatur mit. Gänseblümchen bringt

Husten und Erkältungsbeschwerden sind für unsere Hunde so belastend wie für uns Menschen. Die Tinkturmischung erleichtert das Abhusten und kurbelt durch die antibiotische Wirkung auch die Genesung an.

entzündungshemmende und schleimhautberuhigende Eigenschaften mit ein, was besonders bei gereiztem Hals wohltuend wirkt. Zudem unterstützt es die Rekonvaleszenz.

Gundermann rundet die Mischung mit seiner ausleitenden, schleimlösenden und gewebeentstauenden Wirkung ab – gerade bei festsitzendem Schleim und zähem Husten ein wertvoller Helfer. In dieser Kombination wirkt die Tinktur ganzheitlich: schleimlösend, entzündungshemmend, beruhigend und stärkend – ideal zur sanften, aber wirkungsvollen Unterstützung.

Die Zutaten:

- 25–30 g (getr. 10–15 g) Königskerzenblüten und -blätter
- 10 g (getr. 5 g) Gänseblümchenblüten
- 10 g (getr. 5 g) Gundermannkraut
- 5 g getr. Fenchelfrüchte

Die Husten-adé-Tinktur stellst du nach dem Grundrezept zur Herstellung von Tinkturen auf Seite 58 ff. her. Für die Herstellung der Tinktur verwendest du frische oder getrocknete Pflanzenteile wie oben angegeben. Diese solltest du unbedingt vor dem Ansetzen der Tinktur anstoßen beziehungsweise zerkleinern.

Dosierung: 2 Tropfen/kg, 1× täglich

Kaltauszüge

Malvenblüten-Auszug

Die Wilde Malve *(Malva sylvestris)* ist eine zarte Pflanze, die vor allem wegen ihrer reizlindernden Wirkung auf Schleimhäute aufgrund ihrer Schleimstoffe geschätzt wird. Anwendung findet sie nicht nur bei Magen- und Darmerkrankungen und Augenerkrankungen, sondern auch bei Atemwegserkrankungen.

Im Bereich der Atemwege werden Malvenblüten insbesondere bei Reizungen der Schleimhäute eingesetzt – etwa bei trockenem Reizhusten oder begin-

Der Malvenblüten-Kaltauszug ist einfach hergestellt und lindert bei trockenem Reizhusten zuverlässig die Beschwerden und schützt auch die Schleimhäute.

nender Bronchitis. Ihre Wirkung beruht vor allem auf dem hohen Gehalt an Schleimstoffen, insbesondere sauren Polysacchariden, die sich wie ein schützender Film auf die angegriffenen Schleimhäute in Hals und Rachen legen. Dadurch wird der Hustenreiz gemildert und die Schleimhaut vor weiterer Reizung bewahrt. Zusätzlich wirken Flavonoide entzündungshemmend und leicht antioxidativ, was die Regeneration unterstützt und Reizungen sanft beruhigt.

Zubereitung und Anwendung:

Zutaten:

- 1–2 TL Malvenblüten, möglichst frisch, alternativ getrocknet

Du gibst die zerkleinerten Malvenblüten in etwa 150–200 ml kaltes Wasser (Verhältnis etwa 1:5). Lasse den Auszug dann mindestens 2 Stunden (besser 4–6 Stunden oder sogar über Nacht) zugedeckt ziehen und rühre ihn gelegentlich um. Filtere den Kaltauszug danach durch einen Kaffeefilter. Der Kaltauszug ist im Kühlschrank mehrere Tage haltbar.

Dosierung: Kaltauszug 50–100 ml/10 kg KM 3× täglich

Wichtig: Immer mit einem zeitlichen Abstand von mindestens 30 Minuten zu den Mahlzeiten und etwa 2 Stunden zu Medikamenten verabreichen.

Eibischwurzel-Auszug

Der Eibisch gehört zur Familie der Malvengewächse und wird bereits seit der Antike geschätzt. Medizinisch genutzt werden seine Blätter, aber auch die getrocknete Wurzel *(Althaea officinalis radix)*, die reich an schleimbildenden Substanzen ist. Eibischwurzel findet immer dann Anwendung, wenn Schleimhäute beruhigt, geschützt oder regeneriert werden sollen. So zum Beispiel bei Magen-Darm-Beschwerden, Magenschleimhautentzündung (Gastritis) oder Reizdarm. Aber auch bei Blasenentzündungen und Harnwegsreizungen, wo sie durch die reizlindernde Wirkung auf die Schleimhäute der ableitenden Harnwege wirkt.

Weiterhin bei Reizungen im Mund- und Rachenraum, zum Beispiel bei Aphten oder entzündetem Zahnfleisch, genauso wie bei Atemwegserkrankungen. Eibisch wirkt also generell immer dort, wo Schleimhaut oder empfindliches Gewebe beruhigt und geschützt werden soll – innerlich wie äußerlich.

Bei Atemwegserkrankungen findet Eibischwurzel ihren Einsatz vor allem bei trockenem Reizhusten, Halsentzündungen, Heiserkeit, Kehlkopfentzündung, Luftröhrenentzündung und allgemein bei Reizzuständen der oberen Atemwege. Ihre Wirkung entfaltet sich durch einen sehr hohen Gehalt an Schleimstoffen, die sich wie ein schützender Film über die Schleimhäute in Mund, Hals und Rachen legen. Diese physikalische Schutzschicht lindert den quälenden Hustenreiz, beruhigt entzündete Schleimhautbereiche und beugt weiterer Reizung vor. Zusätzlich wirken etwa Flavonoide und Gerbstoffe im Eibisch leicht entzündungshemmend und abschwellend. Da die schleimbildenden Inhaltsstoffe hitzeempfindlich sind, wird Eibischwurzel traditionell als Kaltauszug zubereitet, um ihre reizlindernden Eigenschaften optimal zu erhalten. Die Eibischwurzel gilt insgesamt als besonders mild, reizfrei und schleimhautschützend.

Zubereitung und Anwendung:

Zutaten:
- 1–2 TL Eibischwurzel, getrocknet

Du gibst die zerkleinerte Eibischwurzel in etwa 150–200 ml kaltes Wasser (Mischungsverhältnis etwa 1:5). Lasse den Auszug dann mindestens 2 Stunden (besser 4–6 Stunden oder sogar über Nacht) zugedeckt ziehen und rühre ihn gelegentlich um. Filtere den Kaltauszug danach durch einen Kaffeefilter. Der Kaltauszug ist im Kühlschrank mehrere Tage haltbar.

Dosierung: Kaltauszug 50–100 ml/10 kg KM 3× täglich

Wichtig: Immer mit einem zeitlichen Abstand von mindestens 30–60 Minuten zu den Mahlzeiten und Medikamenten verabreichen.

Teezubereitungen

Auch Tees kannst du bei Atemwegserkrankungen beim Hund hervorragend einsetzen und sie sind lauwarm verabreicht sehr wohltuend. In der Folge stelle ich dir Tees aus Einzelkräutern sowie Teemischungen vor. Bei Kräutern, die ich bereits zuvor in den Tinkturen vorgestellt habe, kannst du ausführliche Infos zu den Kräutern entsprechend dort nachlesen.

Die Zubereitung und Anwendung für alle Teezubereitungen lauten wie folgt (außer es ist anders angegeben):

Zerkleinere die Pflanzenteile gut. Früchte, Wurzeln und Samen sollten immer gut angestoßen werden. Übergieße sie dann, soweit nicht anders angegeben, mit etwa 250 ml nicht mehr sprudelndem heißem Wasser und lasse den Tee 10 Minuten zugedeckt ziehen. Das Kondenswasser, das sich am Deckel absetzt, solltest du nach der Ziehzeit in den Tee zurückführen. Seihe den Tee dann durch einen Kaffeefilter oder Teefilter ab, oder falls du einen Teeeinsatz oder ein Teeei verwendest, nimmst du dieses heraus.

Lasse die Teezubereitung dann abkühlen und verabreiche sie deinem Hund mehrmals täglich lauwarm.

Einzeltees

Kamillentee

Kamillentee ist bei Hunden mit gereizten Atemwegen, etwa durch eine Sinusitis oder Bronchitis, ein sanfter Helfer: Die Echte Kamille *(Matricaria chamomilla)* liefert mit ätherischem Öl wie Bisabolol stark entzündungshemmende und reizmildernde Effekte, während ihre Flavonoide krampflösend auf die Bronchialmuskulatur wirken. So beruhigt der Tee trockenen Reizhusten, unterstützt die Regeneration nach Infekten und kann das Abhusten erleichtern, wenn die Schleimhäute überempfindlich reagieren.

Zutaten:
- 3 TL Kamillenblüten, frisch oder getrocknet, auf 150 ml Wasser

Dosierung: 25–40 ml/5 kg KM
2× täglich

Kamillentee ist ein echter Klassiker auch für die Atemwege. Wichtig ist, dass man auf Kamillenblüten von guter Qualität zurückgreift.

Holunderblütentee

Holunderblüten *(Sambuci flos)* sind die zarten, cremeweißen Blüten des Schwarzen Holunders und gelten als bewährtes Mittel bei Erkältungen mit Husten und Schnupfen und fiebrigen, grippalen Infekten. Sie eignen sich hervorragend zur Linderung typischer Symptome bei Atemwegserkrankungen und unterstützen den Körper auf sanfte Weise bei der Abwehr viraler Infekte.

Ihre Wirkung bei Atemwegserkrankungen entfalten Holunderblüten durch eine Kombination aus schleimlösenden, antiviralen, immunstimulierenden und entzündungshemmenden Eigenschaften. Die enthaltenen Flavonoide etwa, insbesondere Rutin, wirken antioxidativ, stärken die Schleimhäute und helfen dem Körper, Krankheitserreger abzuwehren. Ätherische Öle und Schleimstoffe tragen zusätzlich zur Linderung von Hustenreiz bei und befeuchten trockene Schleimhäute.

Zutaten:
- 1–2 TL Holunderblüten, frisch oder getrocknet

Dosierung:
- bis 5 kg 2× täglich 1 TL
- bis 15 kg 2× täglich 1 EL
- bis 30 kg 2× täglich 1–2 EL
- über 30 kg 2× täglich 2–3 EL

Thymiantee

Thymian *(Thymus vulgaris)* stammt ursprünglich aus dem Mittelmeerraum und wird bereits seit der Antike geschätzt. Er wird traditionell bei akuten und chronischen Erkrankungen der Atemwege eingesetzt, zum Beispiel bei Reizhusten, festsitzendem Schleim, Asthma, Zwingerhusten, Bronchitis und Erkältungen.

Seine Wirkung bei Atemwegserkrankungen beruht vor allem auf dem hohen Gehalt an ätherischem Öl. Dieses wirkt stark antibakteriell, antiviral und entzündungshemmend. Gleichzeitig hat es eine krampflösende Wirkung auf die Bronchialmuskulatur und fördert die Schleimlösung – ideal bei festsitzendem Husten. Zusätzlich enthält Thymian Flavonoide und Gerbstoffe, die die Schleimhäute stärken, die Durchblutung anregen und das Immunsystem unterstützen. Thymian hilft somit ganzheitlich dabei, die Atemwege zu befreien, Reizungen zu lindern und den Genesungsprozess zu beschleunigen.

Zutaten:

- 1–2 TL Thymiankraut, frisch oder getrocknet

Dosierung: 50–100 ml/10 kg KM in mehreren Gaben über den Tag verteilt.

Kontraindikationen: Bitte nicht anwenden bei Hunden, die unter Leber-, Nieren- oder Herzerkrankungen leiden. Auch bei Magen-Darm-Entzündungen und Trächtigkeit ist Thymian tabu.

Huflattichtee

Huflattich kann als Tee sehr gut bei Husten eingesetzt werden, denn er wirkt hustenreizlindernd bei trockenem Husten. Besonders in der Anfangsphase von Atemwegsinfekten ist er sehr zu empfehlen. Zudem hilft er gegen Heiserkeit, bei Bronchitis und bei akuten leichten Entzündungen der Maul- und Rachenschleimhaut. Die Blätter des Huflattichs *(Tussilago farfara)* enthalten unter anderem saure Schleimpolysaccharide, Flavonoide, Triterpene, Sterole und Gerbstoffe, die leicht entzündungshemmend und hustenreizlindernd wirken und das Abklingen des Infektes unterstützen.

Hinweis: In Wildsammlungen sind Pyrrolizidinalkaloide (PA) enthalten, daher empfehle ich, auf Huflattich aus Anbau zurückzugreifen.

Zutaten:

- 1–2 TL Huflattichblätter, frisch oder getrocknet

Dosierung: mehrmals täglich bei Bedarf

- Bei kleinen bis mittleren Hunden 1–2 TL
- Bei großen Hunden 1–2 EL

Teemischungen

Thymian-Salbei-Spitzwegerich-Teemischung

Thymian-Salbei-Spitzwegerich-Tee ist eine kraftvolle Teemischung zur Unterstützung bei klassischen Atemwegsinfekten. Alle drei Pflanzen besitzen antibakterielle Eigenschaften und helfen dem Körper dabei, krankmachende Keime abzuwehren. Thymian und Salbei wirken darüber hinaus auch krampflösend und sekretionsfördernd, während Spitzwegerich zusätzlich reizlindernd auf die Schleimhäute wirkt. Gemeinsam entfalten sie eine harmonische Wirkung: schützend, stärkend und klärend – ideal bei Husten, Halsschmerzen und grippalen Infekten.

Zutaten für die Mischung:
- 20 g (getr. 10 g) Thymiankraut
- 20 g (getr. 10 g) Spitzwegerichblätter
- 10 g (getr. 5 g) Salbeiblätter

Zutaten für die Herstellung:
- 1–2 TL der Teemischung

Dosierung: In kleinen Gaben über den Tag verteilt

Kontraindikationen: Bitte nicht anwenden bei Hunden, die unter Leber-, Nieren- oder Herzerkrankungen leiden. Auch bei Magen-Darm-Entzündungen und Trächtigkeit sowie für Junghunde ist die Teemischung tabu. Bei säugenden Tieren kann die Milchsekretion gehemmt werden.

Thymian, Salbei und Spitzwegerich sind die perfekte Kombination zur Begleitung bei klassischen grippalen Infekten, um Beschwerden zu lindern und die Genesung zu fördern.

Atemwegs-Teemischung

Diese Atemwegs-Teemischung vereint wohltuende Pflanzen zur Linderung von Husten und Reizungen der oberen Atemwege. Spitzwegerich beruhigt und schützt die Schleimhäute, während Thymian schleimlösend, antibakteriell und entzündungshemmend wirkt. Königskerzenblüten runden die Mischung mit ihrer reizlindernden, entzündungshemmenden und sanft schleimlösenden Wirkung ab. Gemeinsam unterstützen sie den Körper auf natürliche Weise beim Durchatmen und in der Genesung bei Erkältungserkrankungen.

Zutaten für die Mischung:

- 20 g (getr. 10 g) Spitzwegerichblätter
- 20 g (getr. 10 g) Königskerzenblüten
- 10 g (getr. 5 g) Thymiankraut

Zutaten für die Herstellung:

- 1–2 TL der Teemischung

Dosierung: In kleinen Gaben über den Tag verteilt

Kontraindikationen: Bitte nicht anwenden bei Trächtigkeit, bei Magen-Darm-Entzündungen sowie bei Hunden, die unter Leber-, Nieren- oder Herzerkrankungen leiden.

Honigzubereitungen und Oxymele

Wasserdost-Infekt-adé-Honig

Wasserdost *(Eupatorium perfoliatum)* gilt als kraftvolle Immunpflanze, wenn sich Infekte der Atemwege „ankündigen" oder der Hund unter einem Infekt mit zähem Schleim und Mattigkeit leidet. Das Immunsystem wird aktiviert und zugleich wirkt er antientzündlich auf die Schleimhäute. Gleichzeitig wird die Bronchialsekretion angeregt – zäher Schleim verflüssigt sich, das Abhusten fällt leichter, und die mukoziliäre Reinigung der Atemwege kommt in Gang. Wasserdost passt besonders gut in die Frühphase eines Infekts und lässt sich bei Husten gut mit Tee aus Thymian oder Andorn kombinieren.

Seine Wirkung beruht auf zum Beispiel ätherischem Öl, Flavonoiden und Polysacchariden, die das Immunsystem aktivieren und die körpereigene Abwehr stärken. In Kombination mit dem Honig, der selbst keimhemmende und hustenlindernde Eigenschaften besitzt, ent-

Wasserdost und Honig ergänzen sich hervorragend, um das Immunsystem zu stärken und lästige Keime zu hemmen.

steht ein natürlicher Medizinalhonig bei (beginnenden) Atemwegsinfekten.

Die Zutaten:

- Honig – bitte verwende einen Honig guter Qualität
- Frische oder getrocknete Wasserdostblätter (und -blüten)
- Mischungsverhältnis: etwa 1 Teil Pflanze : 3 Teile Honig

Die Herstellung:
Zerkleinere zunächst die Pflanzenteile. Gib dann die erste Schicht des Wasserdosts in ein weithalsiges Gefäß. Darauf schichtest du nun etwas Honig, bevor du die nächste Schicht Wasserdost darauf gibst. Damit verfährst du weiter, bis das Gefäß voll ist. Obenauf sollte eine Schicht Honig sein. Verschließe das Glas und lagere es dunkel und kühl über mehrere Wochen, gerne auch bis zu zwei Monaten. So gehen die Wirkstoffe des Wasserdosts in den Honig über. Danach kannst du die Pflanzenteile aus dem Honig durch ein Sieb abseihen.

Dosierung: 3× täglich je nach Größe des Hundes 1 TL–1 EL

Den Honig kannst du deinem Hund pur verabreichen oder auch über das Futter geben.

Wichtig: Bitte nur eine kurzfristige Gabe über 5–7 Tage aufgrund der starken Immunaktivierung und des Gehalts an Pyrrolizidinalkaloiden.

Gegenanzeigen: Autoimmunerkrankungen, fortschreitende Systemerkrankungen, chronische Viruserkrankungen sowie bei gleichzeitiger Gabe von Immunsuppressiva.

Hustenhonig - Spitzwegerich und Thymian

Ein Medizinalhonig mit Spitzwegerich und Thymian ist ein bewährtes Hausmittel zur natürlichen Linderung von Husten und gereizten Atemwegen. Spitzwegerich wirkt reizlindernd und schützt die angegriffenen Schleimhäute in Hals und Bronchien. Zusätzlich unterstützt er die Entzündungshemmung und fördert die Linderung des Hustenreizes. Thymian ergänzt mit seiner antibakteriellen, schleimlösenden und hustenstillenden Wirkung. Die Kombination beider Kräuter im Honig verbindet Linderung der Beschwerden und aktive Keimbekämpfung.

Die Zutaten:

- Honig – bitte verwende einen Honig guter Qualität
- Frische oder getrocknete Spitzwegerichblätter und Thymiankraut

Die Herstellung:
Bei der Herstellung und dem Mischungsverhältnis verfährst du genauso wie bei der Herstellung des Wasserdost-Infekt-adé-Honigs.

Dosierung: 3× täglich je nach Größe des Hundes 1 TL–1 EL

Kontraindikationen: Bitte nicht anwenden bei Trächtigkeit, bei Magen-Darm-Entzündungen sowie bei Hunden, die unter Leber-, Nieren- oder Herzerkrankungen leiden.

Erkältungs-Oxymel – Salbei, Thymian, Eibisch

Für das Erkältungs-Oxymel eignen sich Salbei, Thymian und Eibisch, denn sie vereinen reizlindernde, keimhemmende und schützende Eigenschaften.

Salbei wirkt durch seine ätherischen Öle, Gerbstoffe und Flavonoide stark entzündungshemmend und antibakteriell – ideal bei Halsschmerzen, Heiserkeit und Entzündungen im Rachenraum. Thymian bringt ebenfalls kraftvolle ätherische Öle mit, die schleimlösend, krampflösend und keimhemmend wirken – besonders bei Husten, Schnupfen und festsitzendem Schleim. Eibisch liefert dagegen wertvolle Schleimstoffe, die sich wie ein beruhigender Schutzfilm auf die Schleimhäute legen und so den Hustenreiz lindern und die Regeneration fördern. In Kombination mit den ausgleichenden Eigenschaften von Honig und Essig entsteht ein wirkungsvolles Erkältungs-Oxymel, das bei ersten Anzeichen von Schnupfen, Husten, Heiserkeit oder Halsschmerzen mehrmals täglich löffelweise pur, übers Futter gegeben oder mit lauwarmem Wasser vermischt eingenommen werden kann.

Die Zutaten:

- 3 Teile Honig
- 1 Teil Apfelessig
- Salbei, Thymian und Eibischwurzel zu gleichen Teilen, jeweils ca. 1 EL – getrocknet oder frisch

Die Herstellung:
Zur Herstellung werden die getrockneten oder frischen Pflanzenteile zunächst gut zerkleinert. Gib sie dann in ein weithalsiges Glas. Übergieße die Pflanzenteile nun mit einem Mischverhältnis von etwa 1 Teil Essig (ich empfehle Apfelessig) und 3 Teilen Honig. Die Mischung sollte gut durchgerührt und luftdicht verschlossen etwa 7–14 Tage an einem dunklen und kühlen Ort ziehen können. Dabei sollte sie regelmäßig umgerührt oder geschüttelt werden. Anschließend kann das Oxymel durch ein feines Sieb abgeseiht und in eine dunkle Flasche umgefüllt werden. Ich empfehle dir, das Oxymel kühl zu lagern. Ungeöffnet ist es im Kühlschrank 6–12 Monate haltbar. Nach dem Öffnen empfehle ich, es innerhalb von drei Monaten zu verbrauchen.

Dosierung: 3× täglich je nach Größe des Hundes 1 TL–1 EL

Kontraindikationen: Bitte nicht anwenden bei Trächtigkeit und Laktation, bei Magen-Darm-Entzündungen sowie bei Hunden, die unter Leber-, Nieren- oder Herzerkrankungen leiden.

Rezepturen zur Unterstützung der Nieren und Harnwege

Als Harntrakt bezeichnet man die Gesamtheit der Harnorgane. Zum Harntrakt gehören Nieren, Nierenbecken, Harnleiter, Blase und Harnröhre: Sie entsorgen Abfallstoffe, regulieren den Wasserhaushalt, Salze und Säure-Basen-Balance und sorgen so dafür, dass der Organismus „im Lot“ bleibt.

Der Harntrakt deines Hundes übernimmt drei Kernaufgaben: Er reinigt das Blut von Abfall- und Giftstoffen, er reguliert den inneren Flüssigkeits-, Mineralstoff- und Säure-Basen-Haushalt, und er ermöglicht die Speicherung und kontrollierte Ausscheidung des Harns. Die Nieren filtern fortlaufend Blut, trennen harnpflichtige Stoffe ab und entscheiden, was der Körper zurückbehält (wie etwa Wasser, Natrium, Kalium) und was ausgeschieden wird. Dabei steuern sie auch über Hormone wichtige Funktionen: Sie regulieren den Blutdruck (u. a. über das Renin-Angiotensin-System), aktivieren Vitamin D für Knochen und Stoffwechsel und fördern die Blutbildung (Erythropoetin). Die ableitenden Harnwege – Nierenbecken, Harnleiter, Blase und Harnröhre – leiten den gebildeten Harn weiter, speichern ihn in der Blase und sorgen für eine gezielte Entleerung. Intakte Schleimhäute und ein gleichgerichteter Harnfluss helfen zudem, Keime abzuwehren und Infektionen zu verhindern. So trägt der Harntrakt entscheidend dazu bei, dass der gesamte Organismus im Gleichgewicht bleibt – von der Entgiftung bis zur feinen Regulation des inneren Milieus.

Häufige Erkrankungen von Nieren und Harnwegen können beispielsweise Blasenentzündungen, Harnsteine, Harnwegsentzündungen, Nierenentzündungen sowie Niereninsuffizienzen sein.

Wann kann man Nieren und Harnwege auf natürliche Weise unterstützen?

Eine natürliche Unterstützung ist beispielsweise bei Harnwegsinfektionen sinnvoll, auch wenn diese einen chronischen Verlauf haben oder eine grundsätzliche Anfälligkeit für Harnwegsinfektionen besteht. Auch vorbeugend in Situationen, die jene Erkrankungen begünstigen, wie nasskaltes Wetter. Ebenfalls unterstützen kann man bei altersbedingter Schwäche der Nieren oder der Blase sowie Inkontinenz, genauso wie bei einer chronischen Niereninsuffizienz. Wir können die Nierenfunktion stärken und erhalten, die Nierentätigkeit anregen und auch das Ausspülen von Nieren- und Blasengrieß unterstützen.

Das Immunsystem können wir bei Nieren- und Blasenschwäche stärken sowie die Durchblutung der Nieren und der Schleimhäute der abführenden Harnwege steigern. Dadurch werden vermehrt Harnkristalle, aber auch Bakterien ausgespült. Es wird auch eine größere Menge Harn gebildet, was sich auf das Trinkverhalten auswirken kann. Es sollte unbedingt mehr Wasser bereitgestellt werden.

Durch natürliche Unterstützung können wir keimhemmend einwirken und den Krankheitserregern auch das Eindringen in die Blasenschleimhaut erschweren. Weiterhin werden sie an der Bildung eines Schutzfilms gegen beispielsweise Antibiotika und Immunzellen gehindert. Die entzündlich gereizte Schleimhaut wird in der Heilung unterstützt.

Einzeltinkturen

Brennnesseltinktur

Die Brennnessel wird seit Jahrhunderten zur inneren Reinigung und Entlastung von Stoffwechsel, Haut, Gelenken und Harnwegen verwendet. Sie zählt zu den wichtigsten Pflanzen bei ausleitenden Therapien, und ihre Blätter finden häufig Anwendung bei Harnwegserkrankungen, zur Unterstützung des Stoffwechsels, zum Beispiel im Rahmen einer Frühjahrskur.

Bei Harnwegserkrankungen entfaltet die Brennnessel ihre Wirkung durch eine Kombination aus harntreibenden, entzündungshemmenden und ausleitenden Eigenschaften. Wichtige Inhaltsstoffe sind zum Beispiel Flavonoide wie Rutin, Triterpene, Carotinoide, Vitamin C, Vitamin-B-Komplex, Kalziumsalze und Kieselsäure. Diese regen die Harnproduktion an und unterstützen die sanfte Ausschwemmung von Kei-

Die Brennnessel spült durch, ohne den Körper zu stark zu entwässern.

men, Toxinen und Stoffwechselrückständen über die Harnwege. Gleichzeitig wirken die pflanzlichen Inhaltsstoffe beruhigend und abschwellend auf entzündete Schleimhäute in Blase und Nierenbecken und helfen so, Reizungen zu lindern und Infektionen vorzubeugen. Die Brennnessel wirkt durchspülend, ohne den Körper zu stark zu entwässern, und eignet sich daher gut zur kurweisen Unterstützung bei immer wiederkehrenden Harnwegsbeschwerden bei Hunden, Durchspülung der harnableitenden Wege, zur Vorbeugung und Behandlung von Nierengrieß.

Die Brennnesseltinktur stellst du nach dem Grundrezept zur Herstellung von Tinkturen auf Seite 58 ff. her. Für die Herstellung der Tinktur verwendest du die frischen oder getrockneten Blätter.

Dosierung: 1–3 ml/10 kg KM 3× täglich

Anwendung: Kurweise Anwendung über maximal acht Wochen.

Gegenanzeigen: Nicht bei Ödemen infolge eingeschränkter Herz- oder Nierentätigkeit anwenden. Nicht verabreichen bei Verdacht auf Harnsteine, die die Harnwege verlegen.

Extra-Wissen:

Bei einer Niereninsuffizienz spielt die Brennnessel ebenfalls eine wichtige Rolle. Hier werden die Brennnesselsamen verabreicht, da sie das Kreatinin zu senken vermögen.

Goldrutentinktur

Die Goldrute *(Solidago virgaurea)* ist eine leuchtend gelb blühende Pflanze aus der Familie der Korbblütler, die seit Jahrhunderten für ihre reinigenden und harntreibenden Eigenschaften geschätzt wird. Sie wird traditionell zur Unterstützung der Nieren- und Blasengesundheit eingesetzt und ist besonders bekannt für ihre durchspülende Wirkung bei Infekten der Harnwege. Auch ist sie eine wichtige Pflanze zur Begleitung bei einer chronischen Niereninsuffizienz, denn sie stärkt die Nierenfunktion.

Die Goldrute ist eines der wirksamsten Nierenkräuter, das auch bei der Begleitung einer Niereninsuffizienz nicht fehlen darf.

Bei Nieren- und Harnwegserkrankungen wirkt die Goldrute durch eine Kombination aus harntreibenden, entzündungshemmenden, krampflösenden und leicht antibakteriellen Eigenschaften. Verantwortlich dafür sind etwa Flavonoide (wie Rutin), Phenolglykoside (v. a. Leiocarposid), Triterpensaponine sowie ätherisches Öl. Diese Wirkstoffe fördern die Harnausscheidung, unterstützen die Durchspülung der ableitenden Harnwege und helfen dabei, Krankheitserreger auszuschwemmen, bevor sie sich festsetzen können. Gleichzeitig wirken sie beruhigend auf gereizte Schleimhäute, lindern Schmerzen und Krämpfe im Blasenbereich und unterstützen die Regeneration bei leichten Entzündungen oder nach einer Infektion. Die Goldrute hilft so auf natürliche Weise, Harnstauungen vorzubeugen, die Nierenfunktion sanft zu aktivieren und das gesamte Harnsystem zu entlasten – ohne den Organismus zu stark zu entwässern. Einsetzen kann man sie also etwa bei Niereninsuffizienz, bei Entzündungen der ableitenden Harnwege, Prostataerkrankungen und zur vorbeugenden Behandlung von Nierengrieß und Harnsteinen.

Die Goldrutentinktur stellst du nach dem Grundrezept zur Herstellung von Tinkturen auf Seite 58 ff. her. Für die Herstellung der Tinktur verwendest du das frische oder getrocknete blühende Kraut.

Dosierung: 0,5–1,5 ml/10 Körpergewicht in mehreren Gaben über den Tag verteilt

Anwendung: Kurweise Gabe über maximal acht Wochen. Bei einer Niereninsuffizienz am besten im kurweisen Wechsel mit einem anderen die Nieren unterstützenden Kraut.

Gegenanzeigen: Nicht bei Ödemen infolge eingeschränkter Herz- oder Nierentätigkeit oder einer chronischen Nephritis. Nicht anwenden, wenn der Verdacht besteht, dass Harnsteine die Harnwege verlegen.

Löwenzahntinktur

Der Löwenzahn ist eine robuste und vielseitige Pflanze, die in der Naturheilkunde seit Jahrhunderten für ihre stoffwechselanregenden und ausleitenden Eigenschaften geschätzt wird. Er wächst fast überall, ist leicht zu erkennen und zählt zu den wichtigsten Pflanzen in der Naturheilkunde. Eingesetzt wird er unter anderem bei Appetitlosigkeit, Verdauungsbeschwerden, zur Anregung von Leber- und Gallenfunktion, bei rheumatischen Beschwerden sowie zur Unterstützung der Nieren- und Harnwege.

Bei Nieren- und Harnwegserkrankungen wie rezidivierenden Harnwegsentzündungen, Nierenentzündungen, Harngrieß oder Harnsteinen wirkt der Löwenzahn durch eine ausleitende, stoffwechselanregende und leicht harntreibende Wirkung. Verantwortlich dafür sind unter anderem die enthaltenen Bitterstoffe (wie Taraxacin), Flavonoide, Kalium, Triterpene, Steroide und Inulin. Diese Inhaltsstoffe fördern die Nierentätigkeit und regen die Harnausscheidung an, ohne dabei den Organismus auszutrocknen. Durch die vermehrte Harnausscheidung wird die Durchspülung der ableitenden Harnwege unterstützt, was dabei hilft, Keime und Entzündungsstoffe auszuschwemmen und Reizungen vorzubeugen. Gleichzeitig trägt Löwenzahn zur allgemeinen Entgiftung über die Niere bei, entlastet den Stoffwechsel und kann bei leichten Nierenschwächen oder chronischer Belastung der Harnwege begleitend eingesetzt werden. Auch für eine Stoffwechsel- und Entschlackungskur kann er verwendet werden.

Die Löwenzahntinktur stellst du nach dem Grundrezept zur Herstellung von Tinkturen auf Seite 58 ff. her. Für die Herstellung der Tinktur verwendest du das frische oder getrocknete Kraut.

Dosierung: 4 Tropfen/kg KM 3× täglich

Anwendung: Kurweise Verabreichung über maximal acht Wochen.

Gegenanzeigen: Nicht anwenden bei einem Verschluss der Gallenwege, Gallensteinen, einem Gallenblasenemphysem oder Darmverschluss. Auch bei Welpen und Junghunden sollte aufgrund der stark entschlackenden Wirkung auf die Gabe verzichtet werden.

Kapuzinerkressetinktur

Die Kapuzinerkresse *(Tropaeolum majus)* kommt aufgrund ihrer natürlichen antibiotischen Wirkung vor allem bei Infekten der Atemwege, bei entzündlichen Prozessen im Bereich der Harnwege sowie bei bakteriellen Infektionen zum Einsatz.

Bei Harnwegsinfekten entfaltet die Kapuzinerkresse ihre Wirkung durch eine Kombination aus antibakteriellen, entzündungshemmenden und ausleitenden Eigenschaften. Die Hauptwirkstoffe sind Senfölglykoside, die im Körper enzymatisch zu aktiven Senfölen umgewandelt werden. Diese wirken nachweislich gegen eine Vielzahl von Bakterien, darunter auch typische Harnwegserreger wie Escherichia coli. Die antibakterielle

Die Senfölglykoside der Kapuzinerkresse sind verantwortlich für den scharfen Geschmack. Um diesen abzumildern, kannst du die Tinktur deinem Hund mit Wasser verdünnt oder mit etwas Honig verabreichen.

Wirkung zeigt sich nicht nur lokal, sondern systemisch und kann damit auch auf die ableitenden Harnwege wirken. Zusätzlich regen die Senföle die Durchblutung der Schleimhäute an, fördern deren Regeneration und helfen, die Ausbreitung von Keimen einzudämmen. In Kombination ergibt sich eine effektive, pflanzliche Unterstützung bei unkomplizierten bakteriellen Infektionen oder Reizungen im Bereich der Harnwege.

Die Kapuzinerkressetinktur stellst du nach dem Grundrezept zur Herstellung von Tinkturen auf Seite 58 ff. her. Für die Herstellung der Tinktur verwendest du die frischen Blätter und Blüte.

Dosierung: 2 Tropfen/Körpergewicht, 2–3× täglich. Die Tinktur sollte aufgrund ihres scharfen Geschmacks gut mit Wasser verdünnt verabreicht werden.

Anwendung: Kurze kurweise Verabreichung über fünf Tage.

Gegenanzeigen: Durch immunsteigernde Wirkung sollte die Kapuzinerkresse bei zum Beispiel Schilddrüsenerkrankungen und wenn Immunsuppressiva eingenommen werden, nicht gegeben werden. Nicht anwenden bei Nierenerkrankungen sowie Magen- und Darmgeschwüren.

Bärentraubenblättertinktur

Die Bärentraube ist ein immergrüner Zwergstrauch aus der Familie der Heidekrautgewächse, der in den kühleren Regionen Europas und Nordamerikas heimisch ist. Medizinisch verwendet werden die ledrigen Blätter, die bei bakteriell-entzündlichen Erkrankungen der ableitenden Harnwege, Blasenentzündungen und Reizblase eingesetzt werden.

Die Wirkung der Bärentraubenblätter bei Harnwegserkrankungen beruht vor allem auf dem hohen Gehalt an Arbutin, einem pflanzlichen Hydrochinonglykosid. Im Körper wird Arbutin zu Hydrochinon umgewandelt, das in einem basischen Urinmilieu eine ausgeprägt antibakterielle Wirkung entfaltet – insbesondere gegen Keime wie Escherichia coli, die häufig Harnwegsinfekte verursachen.

Zusätzlich enthalten die Blätter zum Beispiel Gerbstoffe wie Gallotannine, die entzündungshemmend, adstringierend und schleimhautstabilisierend wirken. Sie beruhigen gereizte Harnwegsschleimhäute und lindern begleitende Beschwerden wie Brennen oder häufigen Harndrang.

Die Bärentraubenblättertinktur stellst du nach dem Grundrezept zur Herstellung von Tinkturen auf Seite 58 ff. her. Für die Herstellung der Tinktur verwendest du getrocknete Blätter.

Dosierung: 4 Tropfen/kg KM 3× täglich

Anwendung: Kurzfristige Anwendung für die Dauer des Infektes.

Gegenanzeigen: Für Jungtiere sind Bärentraubenblätter ungeeignet. Auch bei Trächtigkeit und Laktation ist Vorsicht geboten.

Tinkturmischungen für die Harnwege und Nieren

Blasentinktur aus Brennnessel, Löwenzahn, Goldrute & Kapuzinerkresse

Diese Blasentinktur vereint vier Pflanzen, die sich in ihrer Wirkung ideal ergänzen, um die Harnwege zu stärken, Entzündungen zu lindern und den natürlichen Ausleitungsprozess zu unterstützen. Perfekt zur kurzen kurweisen Unterstützung etwa bei immer wiederkehrenden Harnwegsbeschwerden, Blasenentzündung, Durchspülung der harnableitenden Wege und Vorbeugung sowie Behandlung von Nierengrieß.

Brennnessel und Löwenzahn fördern die Harnausscheidung, regen die Nierenfunktion an und helfen, den gesamten Harntrakt sanft durchzuspülen – ohne den Organismus auszutrocknen. Goldrute wirkt zusätzlich entzündungshemmend, krampflösend und schleimhautstabilisierend, wodurch sie bei Reizungen der Blase oder beginnenden Infekten besonders wohltuend ist. Ihre Wirkstoffe unterstützen die Genesung und stärken die Widerstandskraft der Harnwege. Ergänzt wird die Mischung durch Kapuzinerkresse, deren pflanzliche Senföle eine natürliche antibakterielle Wirkung entfalten, Keime bekämpfen, das Immunsystem aktivieren und die Ausbreitung von Infektionen aktiv eindämmen können. Gemeinsam ergibt sich eine ganzheitlich wirkende Rezeptur, die die Blase schützt, die Harnwege entlastet und gleichzeitig den Stoffwechsel anregt.

Die Blasentinktur stellst du nach dem Grundrezept zur Herstellung von Tinkturen auf Seite 58 ff. her. Für die Herstellung der Tinktur verwendest du folgende Kräuter:

Zutaten:
- 20 g (10 g getr.) Brennnesselblätter
- 20 g (10 g getr.) Löwenzahnkraut
- 10 g (5 g getr.) Goldrutenkraut
- 10 g frische Kapuzinerkresseblätter und -blüten

Dosierung: 2 Tropfen/Körpergewicht, 2–3× täglich – Aufgrund des scharfen Geschmacks durch die Kapuzinerkresse empfehle ich dir, die Tinktur mit Wasser verdünnt zu verabreichen.

Anwendung: Kurweise Verabreichung über fünf Tage. Bei Bedarf fünf bis sieben Tage pausieren und eine weitere fünftägige Kur anschließen.

Gegenanzeigen: Ödeme infolge einer eingeschränkten Herz- oder Nierenfunktion. Aufgrund der immunsteigernden Wirkung der Kapuzinerkresse sollte die Tinktur bei zum Beispiel Schilddrüsenerkrankungen und wenn Immunsuppressiva eingenommen werden, nicht gegeben werden. Nicht anwenden bei Nierenerkrankungen sowie Magen- und Darmgeschwüren.

Blasentinktur II aus Bärentraube, Birke und Goldrute

Diese Blasentinktur kombiniert drei Pflanzen, die sich in ihrer Wirkung ideal ergänzen, um akute und wiederkehrende Harnwegsbeschwerden sanft, aber effektiv zu begleiten. Bärentraube wirkt gezielt gegen typische Infektionserreger der Harnwege und trägt so bei, Keime zu reduzieren. Birkenblätter unterstützen diese Wirkung durch ihre harntreibenden Eigenschaften: Sie för-

Das in den Bärentraubenblättern enthaltene Arbutin macht es Keimen bei Harnwegsinfekten ungemütlich. Birke und Goldrute wirken harntreibend und entzündungshemmend und sind die perfekte Ergänzung.

Tipp

Statt Bärentraubenblättern kannst du auch Birnenblätter verwenden. Die erfreuen sich einer besseren Akzeptanz, enthalten zwar weniger Arbutin, stehen aber den Bärentraubenblättern in ihrer Wirkung kaum nach.

dern die Durchspülung der ableitenden Harnwege, helfen beim Ausschwemmen von Bakterien und wirken gleichzeitig mild entzündungshemmend. Ergänzt wird die Mischung durch Goldrute, die zusätzlich krampflösend und schleimhautberuhigend wirkt – besonders wohltuend bei gereizter Blase oder begleitend während oder nach Infekten, um die Genesung zu fördern. In dieser Kombination entsteht eine pflanzliche Tinktur, die Bakterien bekämpft, die Schleimhäute beruhigt und den Harnfluss anregt – eine ausgewogene Unterstützung für Hunde zur Begleitung bei Harnwegsinfekten.

Die Blasentinktur II stellst du nach dem Grundrezept zur Herstellung von Tinkturen auf Seite 58 ff. her. Für die Herstellung der Tinktur verwendest du folgende Kräuter:

Zutaten:

- 30 g getr. Bärentraubenblätter
- 20 g (10 g getr.) Birkenblätter
- 20 g (10 g getr.) Goldrutenkraut

Dosierung: 4 Tropfen/kg KM 3× täglich

Anwendung: Kurweise Gabe für die Dauer des Infektes.

Gegenanzeigen: Nicht bei Ödemen infolge eingeschränkter Herz- oder Nierentätigkeit, beim Verdacht, dass Steine die Harnwege verlegen, oder bei chronischer Nephritis. Für Jungtiere sind Bärentraubenblätter ungeeignet. Auch bei Trächtigkeit und Laktation ist Vorsicht geboten.

Durchspülungstinktur – Wasser marsch! Auch perfekt als Frühjahrskur

Diese kraftvolle Durchspülungstinktur vereint fünf Pflanzen, die gemeinsam die Ausleitung unterstützen, den Stoffwechsel anregen und das Harnsystem sanft aktivieren. Hilfreich etwa bei entzündlichen Erkrankungen der ableitenden Harnorgane. Birkenblätter, Brennnessel und Löwenzahn wirken harntreibend und fördern die natürliche Ausscheidung über die Nieren, ohne dabei den Organismus zu belasten. Ihre Inhaltsstoffe unterstützen die Reinigung von innen, regen die Entgiftung an und helfen, Stoffwechselrückstände auszuscheiden. Liebstöckel bringt zusätzlich eine durchblutungsfördernde, diuretische und stoffwechselanregende Komponente in die Mischung und unterstützt die ableitenden Harnwege, während Goldrute mit ihren entzündungshemmenden und schleimhautberuhigenden Eigenschaften besonders wohltuend auf die Blase und das Nierengewebe wirkt. In die-

Den Liebstöckel in dieser Tinktur kennen die meisten Menschen eher aufgrund seines würzigen Geschmacks als wegen seiner diuretischen Wirkung. Dabei wird er schon seit dem Mittelalter hierzu eingesetzt.

ser Kombination eignet sich die Tinktur nicht nur zur begleitenden Unterstützung bei Harnwegsinfekten, sondern auch ideal als sanfte Frühjahrskur für Hunde, um den Stoffwechsel nach der Winterzeit in Schwung zu bringen, den Organismus zu entlasten und das innere Gleichgewicht wiederherzustellen. Übrigens: Auch bei Hauterkrankungen und rheumatischen Erkrankungen kann sie begleitend eingesetzt werden.

Die Durchspülungstinktur stellst du nach dem Grundrezept zur Herstellung von Tinkturen auf Seite 58 ff. her. Für die Herstellung der Tinktur verwendest du folgende Kräuter:

Zutaten:
- 30 g (15 g getr.) Birkenblätter
- 20 g (10 g getr.) Liebstöckelwurzel
- 20 g (10 g getr.) Brennnesselblätter
- 20 g (10 g getr.) Löwenzahnkraut
- 10 g (5 g getr.) Goldrutenkraut

Alternativ kannst du statt der Liebstöckelwurzel auch Petersilienwurzel verwenden.

Dosierung: 2 Tropfen/Körpergewicht, 2–3× täglich

Anwendung: Kurweise Gabe über maximal acht Wochen.

Gegenanzeigen: Nicht bei Ödemen infolge eingeschränkter Herz- oder Nierentätigkeit, beim Verdacht, dass Steine die Harnwege verlegen, oder bei chronischer Nephritis.

Teezubereitungen zur Unterstützung der Harnwege und der Nieren

Kamillentee bei einer leichten Blasenentzündung

Traditionell wird Kamille bei einer Vielzahl von Beschwerden eingesetzt – dazu zählen unter anderem Magen-Darm-Probleme, Hautreizungen, Atemwegserkrankungen sowie entzündliche Prozesse im Bereich der Schleimhäute. Bei einer Blasenentzündung kann Kamille auf mehreren Ebenen unterstützend wirken. Ihre wichtigsten Inhaltsstoffe – darunter ätherische Öle wie Bisabolol und Chamazulen, Flavonoide und Cumarine – wirken nachweislich entzündungshemmend, krampflösend, antibakteriell und beruhigend auf die gereizte Blasenschleimhaut. Durch diese Eigenschaften hilft sie, lokale Entzündungen zu lindern, Reizungen zu mildern und das Abklingen von Beschwerden wie häufigem Harndrang oder leichtem Brennen beim Wasserlassen zu unterstützen. Zusätzlich fördert Kamille die Regeneration der Schleimhäute und wirkt mild beruhigend auf das Nervensystem – was gerade bei Hunden mit Unruhe infolge von Blasenbeschwerden hilfreich sein kann.

Zutaten:

- 3 TL frische oder getrocknete Kamillenblüten

Dosierung: Tee (3 TL auf 150 ml Wasser) 25–40 ml/5 kg KM 2× täglich

Nierentee mit Goldrute

Die Goldrute ist eine klassische „Nierenpflanze", die leistungssteigernd auf die Nieren wirkt und die Nieren sanft spült, ohne dass das Risiko eines „renalen Washout", also eines Verlusts an Elektrolyten, besteht. Auch bei akuten Nierenentzündungen und bei Nierengrieß kann sie eingesetzt werden. Mehr zu ihren Inhaltsstoffen kannst du auf Seite 85 lesen.

Zutaten:

- 1–2 TL frisches oder getrocknetes Goldrutenkraut

Dosierung: Tee 50–100 ml/10 kg KM in mehreren Gaben am Tag

Anwendung: Kurweise Gabe über maximal acht Wochen. Bei einer chronischen Niereninsuffizienz empfehle ich einen kurweisen Wechsel mit einer anderen nierenstärkenden Pflanze.

Gegenanzeigen: Nicht bei Ödemen infolge eingeschränkter Herz- oder Nierentätigkeit, beim Verdacht, dass Steine die Harnwege verlegen, oder bei einer chronischen Nephritis.

Petersilientee – Durchspülung der ableitenden Harnwege

Die Petersilie (*Petroselinum crispum*) ist als Küchenkraut weithin bekannt, doch ihre harntreibenden und stoffwechselanregenden Eigenschaften kennen nur wenige. Ursprünglich im Mittelmeerraum beheimatet, gehört Petersilie zur Familie der Doldenblütler und ist sowohl in der Wurzel- als auch in der Blattform therapeutisch nutzbar. Sie kann als Tee unterstützend bei Erkrankungen der ableitenden Harnwege und Nierengrieß eingesetzt werden, da sie sanft durchspülend wirkt. Petersilie enthält eine Vielzahl wertvoller Inhaltsstoffe, die ihre Wirkung im Harntrakt entfalten. Dazu gehören insbesondere ätherisches Öl wie Apiol, Carotinoide, Vitamin C sowie Furocumarine. Diese Kombination wirkt leicht harntreibend, regt die Nierentätigkeit an und unterstützt die Ausscheidung von Stoffwechselprodukten über den Harn. Gleichzeitig fördern die Inhaltsstoffe eine bessere Durchblutung der Nierenregion und können helfen, beginnende Reizungen im Harntrakt zu mildern.

Zutaten:

- 1–2 TL frisches oder getrocknetes Petersilienkraut

Dosierung: 50–100 ml/10 kg KM in mehreren Gaben über den Tag verteilt

Gegenanzeigen: Nicht bei Ödemen infolge eingeschränkter Herz- oder Nierentätigkeit und beim Verdacht, dass Steine die Harnwege verlegen. Auch bei entzündlichen Nierenerkrankungen ist sie kontraindiziert. Bei einer Trächtigkeit ist aufgrund der uteruskontraktionsgefährdenden Wirkung bei der Einnahme Vorsicht geboten.

Petersilie ist viel mehr als ein „Küchenkraut". Ihre Wirkung auf den Harntrakt ist vielfältig und so macht sie sich nicht nur in Speisen gut, sondern auch zur Begleitung bei Erkrankungen der ableitenden Harnwege.

Durchspülungs-Teemischung – Hausputz für die Harnwege

Diese Kräutermischung aus Goldrute, Birkenblättern und Brennnessel ist eine bewährte Kombination zur Durchspülung der ableitenden Harnwege und eignet sich besonders gut zur begleitenden Unterstützung bei akuten und wiederkehrenden Blasen- und akuten Nierenentzündungen. Die drei Pflanzen ergänzen sich in ihrer Wirkung optimal: Während die Goldrute entzündungshemmend, keimhemmend und leicht harntreibend wirkt, sorgen die Birkenblätter für eine sanfte, aber effektive Steigerung der Harnmenge, ohne die Nieren zu belasten. Ihre Inhaltsstoffe unterstützen zudem die Ausleitung von Reizstoffen und wirken leicht antimikrobiell. Die Brennnessel rundet die Mischung ab, indem sie entwässernd, entzündungshemmend und stoffwechselaktivierend wirkt. Zusammen regen diese drei Pflanzen die Nierentätigkeit an, helfen bei der Ausspülung von Bakterien und Stoffwechselrückständen und beruhigen zugleich die gereizten Schleimhäute von Blase und Harnleiter. Die Kombination wirkt dabei besonders schonend, weil sie entwässernd ist, ohne zu stark auszutrocknen – ideal also als durchdachte Unterstützung bei akuten Beschwerden oder auch im Rahmen einer regenerativen Kräuterkur zur Stabilisierung der Harnwege.

Zutaten für die Teemischung:
- 20 g (getr. 10 g) Goldrutenkraut
- 20 g (getr. 10 g) Brennnesselblätter
- 10 g (getr. 5 g) Birkenblätter

Zutaten für die Herstellung:
- 1–2 TL der Teemischung

Dosierung: 50–100 ml/10 kg KM in mehreren Gaben über den Tag verteilt.

Anwendung: Kurweise Gabe über maximal acht Wochen.

Gegenanzeigen: Nicht bei Ödemen infolge eingeschränkter Herz- oder Nierentätigkeit und beim Verdacht, dass Steine die Harnwege verlegen.

Die Teemischung zur Unterstützung bei Prostatabeschwerden lindert nicht nur Entzündung und Schmerz, sondern spült auch sanft durch, wirkt abschwellend, ausgleichend und entkrampfend.

Teemischung zur Unterstützung der Prostatafunktion beim Hund – mit Goldrute, Gänsefingerkraut, Kamille, Melisse und Fenchel

Bei Rüden, insbesondere im fortgeschrittenen Alter, kann es zu Prostatabeschwerden kommen – oft begleitet von häufigem Harnabsatz, Inkontinenz oder einem erschwerten Wasserlassen. Diese Teemischung aus Goldrute, Gänsefingerkraut, Kamille, Melisse und Fenchel bietet eine sanfte und zugleich effektive Unterstützung für die Prostata deines Hundes und lindert seine Beschwerden.

Die Goldrute steht für ihre durchspülende, entzündungshemmende und antibakterielle Wirkung. Sie fördert die Harnausscheidung und hilft, Schwellungen im Bereich der ableitenden Harnwege zu lindern – ein wichtiger Aspekt bei Prostatavergrößerung. Gänsefingerkraut *(Potentilla anserina)* wirkt krampflösend und schmerzlindernd – es unterstützt besonders gut, wenn die vergrößerte Prostata Druck auf Blase und Harnröhre ausübt und damit Beschwerden verursacht.

Die Kamille bringt entzündungshemmende, beruhigende und entkrampfende Eigenschaften mit und unterstützt zudem die Regeneration gereizter Schleimhäute. Melisse sorgt mit ihrer nervenstärkenden und ausgleichenden Wirkung für eine innere Ruhe, die gerade bei hormonell bedingten Beschwerden und stressanfälligen Rüden sehr hilfreich ist.

Fenchel rundet die Mischung ab – mit seiner entblähenden, krampflösenden und stoffwechselanregenden Wirkung trägt er zur allgemeinen Entlastung des Bauchraums bei.

Diese Teemischung begleitet deinen Hund bei Prostatabeschwerden auf sanfte Weise und trägt dazu bei, Beschwerden zu lindern und die Lebensqualität zu erhalten.

Die Zutaten:
- 20 g (10 g getr.) Goldrute
- 10 g (5 g getr.) Gänsefingerkraut
- 10 g (5 g getr.) Kamille
- 10 g (5 g getr.) Melissenblätter
- 5 g getr. Fenchelsamen

Zutaten für die Herstellung:
- 1–2 TL der Teemischung

Dosierung: 50–100 ml/10 kg KM in mehreren Gaben über den Tag verteilt.

Anwendung: Kurweise Gabe über maximal zehn Tage. Bei Bedarf regelmäßig wiederholen.

Gegenanzeigen: Nicht bei Ödemen infolge eingeschränkter Herz- oder Nierentätigkeit und beim Verdacht, dass Steine die Harnwege verlegen.

Dekokte

Ackerschachtelhalm-Dekokt

Ackerschachtelhalm *(Equisetum arvense)* bringt eine hohe Konzentration an Kieselsäure mit und wirkt zusätzlich adstringierend und entzündungshemmend auf die Schleimhäute der Harnwege. Er stärkt die Regeneration des Gewebes und unterstützt die Blasengesundheit nachhaltig. Angewendet wird er etwa zur Durchspülung bei bakteriellen und entzündlichen Infekten der ableitenden Harnwege sowie bei Nieren- und Harngrieß und rezidivierenden Harnwegsinfektionen. Weiterführende Informationen zum Ackerschachtelhalm findest du auf Seite 131.

Die Anleitung zur Herstellung des Dekoktes findest du auf Seite 64.

Dosierung: 25–50 ml/10 kg KM 3× täglich

Anwendung: Kurweise Gabe über maximal acht Wochen.

Gegenanzeigen: Nicht bei Ödemen infolge eingeschränkter Herz- oder Nierentätigkeit und beim Verdacht, dass Steine die Harnwege verlegen.

Kaltauszüge

Kaltauszug aus Eibischwurzel – zur Beruhigung der Blasenschleimhäute bei Inkontinenz und Schleimhauterkrankungen der Harnwege beim Hund

Bei Schleimhautreizungen im Bereich der Blase und Nieren, wie sie bei chronischen Harnwegsinfekten oder Inkontinenz auftreten können, braucht es eine besonders sanfte, schützende Unterstützung. Die Schleimstoffe der Eibischwurzel legen sich wie ein schützender Film über die gereizten Schleimhäute und lindern so spürbar Beschwerden beim Hund. Sie bilden eine schützende Barriere auf den Schleimhäuten, beruhigen Reizungen und fördern die Regeneration des empfindlichen Gewebes in Blase und Nierenbecken.

Die Schleimstoffe der Eibischwurzel verschaffen Linderung bei gereizten Schleimhäuten durch Harnwegsinfekte.

Ein solcher Kaltauszug wirkt nicht nur lindernd bei bestehender Reizung, sondern kann auch vorbeugend bei Hunden eingesetzt werden, die zu Inkontinenz oder Schleimhautschäden neigen – sei es altersbedingt oder infolge chronischer Entzündungen.

Der sanfte Ansatz ohne Erhitzen bewahrt die empfindlichen Inhaltsstoffe optimal – ideal für Hunde mit sensibler Konstitution, die keine entwässernden Kräuter vertragen.

Die Anleitung zur Herstellung des Kaltauszuges kannst du auf Seite 64 nachlesen.

Dosierung: 50–100 ml/10 kg KM 3× täglich

Anwendung: Kurweise Anwendung über maximal acht Wochen. Falls längerer Behandlungsbedarf besteht, kann zum Beispiel mit einem Kaltauszug aus Malvenblüten abgewechselt werden.

Bitte verabreiche den Kaltauszug mit mindestens 30 Minuten Abstand zu den Mahlzeiten und zwei Stunden Abstand zu Medikamenten.

Kaltauszug aus Bärentraubenblättern

Der Kaltauszug aus Bärentraubenblättern wirkt antibakteriell, entzündungshemmend und zugleich adstringierend – ideal bei akuten und wiederkehrenden Infekten der Harnwege beim Hund. Die Bärentraube enthält hohe Mengen an Arbutin, das sich im Harn zu Hydrochinon umwandelt – ein Wirkstoff, der effektiv Bakterien in den Harnwegen bekämpft. Damit dieser Effekt optimal zur Geltung kommt, ist die Zubereitung als Kaltauszug besonders schonend: Sie schützt die empfindlichen Wirkstoffe vor dem Abbau durch Hitze und macht sie für den Organismus des Hundes gut verwertbar. Gleichzeitig stärken die enthaltenen Gerbstoffe die Schleimhäute, wirken leicht zusammenziehend (adstringierend) und können so die Ausbreitung von Keimen und Entzündungsprozessen eindämmen.

Die Anleitung zur Herstellung eines Kaltauszuges findest du auf Seite 64.

Dosierung: 2–5 g Bärentraubenblätter als Tagesdosis mit 100 ml Wasser ansetzen.

Meine Empfehlung zur Orientierung:

- bei kleinen Hunden 2 g
- bei mittelgroßen Hunden 2–3 g
- bei großen Hunden 4–5 g

Anwendung: Zur kurzfristigen Gabe über maximal zehn Tage.

Alternativ kannst du statt der Bärentraubenblätter auch Birnenblätter verwenden.

Gegenanzeigen: Für Jungtiere sind Bärentraubenblätter ungeeignet. Auch bei Trächtigkeit und Laktation ist Vorsicht geboten.

Rezepturen zur Unterstützung des Verdauungstraktes

Am Verdauungsprozess sind verschiedene Organe beteiligt, die gemeinsam funktionieren. Ist ein Organ geschwächt, hat dies Auswirkungen auf den gesamten Verdauungsapparat. Der Verdauungstrakt beginnt in der Mundhöhle, über die die Nahrung aufgenommen wird – aber auch schädigende Stoffe in den Körper gelangen können. Die Hauptaufgaben von Magen und Darm als Bestandteile des Verdauungstraktes sind der Aufschluss von Nahrung, die Aufnahme von Nährstoffen und Wasser und die Ausscheidung nicht verwertbarer oder unverdaulicher Bestandteile. Auch die Leber, in der die Galle gebildet wird, und die Gallenblase, in der die Gallenflüssigkeit gespeichert, konzentriert und über die Gallenwege zum Dünndarm weitergeleitet wird, sind an der Verdauung beteiligt. Genauso wie die Bauchspeicheldrüse, in der die Verdauungsenzyme gebildet werden. Krankheiten im Verdauungstrakt können unterschiedlicher Natur sein: vom einfachen Durchfall, verursacht durch Keime, falsche oder verdorbene Nahrung, Gastritis, Sodbrennen, Verstopfung, chronischer Durchfall, (chronische) Bauchspeicheldrüsenentzündung, Leber- und Gallenerkrankungen, bis hin zu chronischen Darmentzündungen. Du siehst schon, viele Erkrankungen sind hier möglich, da zum Verdauungstrakt auch einige Organe gehören. Auch in der Maulhöhle können bereits Probleme auftreten, wie etwa eine Zahnfleischentzündung.

Wie kann man den Verdauungstrakt mit Kräutern unterstützen?

Wir haben vielfältige Möglichkeiten, den Verdauungstrakt zu unterstützen. Sehr gut begleiten kannst du deinen Hund zum Beispiel bei leichten und akuten Durchfällen, bei Erbrechen und Magenproblemen, bei chronischen Magen-Darmerkrankungen, Verstopfung, wenn sie anfällig für Magen-Darm-Probleme sind aufgrund eines schwachen Immunsystems, bei Allergien und Futtermittelunverträglichkeiten, begleitend bei bakteriellen Infekten, Sodbrennen oder Gastritis. Wir können hier Durchfälle und Verstopfung lindern, ebenso wie Sodbrennen, bei einer Gastritis unterstützen, Darmkrämpfe und Bauchweh lindern, die Verdauung anregen, entblähend einwirken, den Kreislauf stabilisieren, das Immunsystem modulieren, das Mikrobiom stärken, den Appetit steigern, schützend auf die Magen- und Darmschleimhäute wirken, abschwellend auf die Darmschleimhäute wirken, eine vermehrte Ausschüttung von Verdauungssäften erreichen, bei Erkrankungen der Mundhöhle Linderung verschaffen und Leber-Galle-Beschwerden lindern.

Einzeltinkturen

Löwenzahntinktur - natürliche Anregung für Leber und Verdauung deines Hundes

Wenn die Verdauung stockt, der Appetit nachlässt oder der Stoffwechsel etwas aus dem Takt geraten ist, kann die Löwenzahntinktur eine wirkungsvolle Unterstützung bieten. Der Löwenzahn *(Taraxacum officinale)* ist in der Phytotherapie ein echter Klassiker – besonders für Leber, Galle und die Verdauung. Seine Kraft liegt in der Kombination aus etwa Bitterstoffen, Flavonoiden, Inulin, Triterpenen und Mineralstoffen, die gezielt den Stoffwechsel anregen.

Die enthaltenen Bitterstoffe wie Taraxacin fördern die Produktion von Gallen- und Magensäften. Das regt nicht nur den Appetit deines Hundes an, sondern unterstützt auch die Verdauung. Gleichzeitig bringt Löwenzahn die Leber in Schwung – das zentrale Entgiftungsorgan – und hilft, belastende Stoffwechselrückstände schneller auszuscheiden.

Auch die Wurzel, reich an Inulin, wirkt sich positiv auf die Darmflora aus. Sie dient nützlichen Bakterien im Dickdarm als Nahrung und fördert so eine stabile Verdauungsumgebung. Der Löwenzahn bietet sich also an bei Hunden mit Verdauungsproblemen, Blähungen, Leberschwäche, um den Gallenfluss anzuregen, bei Oberbauchbeschwerden, Appetitlosigkeit, einem Mangel an Magensäure oder nach Medikamentengaben zur Entgiftung.

Zubereitung: Die Tinktur stellst du nach dem Grundrezept zur Herstellung von Tinkturen auf Seite 55 ff. her. Für die Herstellung der Tinktur verwendest du frische oder getrocknete Pflanzenteile – hier kannst du das Kraut und auch die Wurzel verarbeiten. Wenn du auch die

Extra-Wissen:

In der traditionellen Naturheilkunde wird Löwenzahn als „Frühlingsputz" der Organe geschätzt – bei Hunden ist er besonders dann wertvoll, wenn die Verdauung und der Stoffwechsel eine sanfte, aber wirkungsvolle Begleitung braucht.

Wurzel in der Tinktur verarbeitest, solltest du einen 70 %igen Alkohol verwenden.

Dosierung: 4 Tropfen/kg KM 3× täglich

Anwendung: Die Löwenzahntinktur eignet sich zur kurweisen Unterstützung für etwa 10–14 Tage.

Gegenanzeigen: Nicht anwenden bei einem Verschluss der Gallenwege, einem Gallenblasenemphysem oder Darmverschluss. Auch bei Welpen und Junghunden sollte aufgrund der stark entschlackenden Wirkung auf die Gabe verzichtet werden.

Schafgarbentinktur – sanfte Begleiterin für die Verdauung deines Hundes

Die Schafgarbe *(Achillea millefolium)* gehört zu den vielseitigsten Pflanzen in der Phytotherapie – und ist auch wertvoll für Hunde mit sensibler Verdauung. Ihre Wirkung entfaltet sich über mehrere Ebenen: Sie wirkt krampflösend, entzündungshemmend und unterstützt gleichzeitig die Leber- und Gallefunktion. Damit ist sie eine ideale Begleitung bei Magen-Darm-Beschwerden wie Bauchkrämpfen oder Durchfall, Blähungen, träger Verdauung, Appetitlosigkeit oder Lebererkrankungen.

Ihre Kraft liegt in der Kombination aus ätherischem Öl wie Chamazulen und Campher, Bitterstoffen, Flavonoiden sowie Gerb- und Mineralstoffen. Diese Zusammensetzung macht sie wirksam bei krampfartigen Beschwerden im Verdauungstrakt. Sie hilft, die Muskulatur von Magen und Darm zu entspannen, wirkt regulierend auf die Verdauung und unterstützt die Sekretion von Galle – wichtig für die Fettverdauung. Übrigens: Auch bei Hündinnen kann die Schafgarbe hilfreich sein, aufgrund ihrer ausgleichenden Wirkung auf die Gebärmutter- und Beckenorgane.

Extra-Wissen:

In der Volksheilkunde wurde Schafgarbe früher auch als „Bauchwehkraut" bezeichnet – und das trifft es ziemlich genau. Für Hunde, deren Verdauung leicht aus dem Gleichgewicht gerät, ist sie ein bewährter, natürlicher Helfer.

Zubereitung: Die Tinktur stellst du nach dem Grundrezept zur Herstellung von Tinkturen auf Seite 58 ff. her. Für die Herstellung verwendest du blühendes, frisches oder getrocknetes Schafgarbenkraut – idealerweise zur Zeit der Vollblüte geerntet.

Anwendung: Die Schafgarbentinktur eignet sich sowohl bei akuten Beschwerden als auch zur kurweisen Unterstützung des Verdauungstrakts – etwa bei stressbedingtem Durchfall oder Appetitlosigkeit. Die kurweise Gabe sollte acht Wochen nicht überschreiten.

Dosierung: 4 Tropfen/kg KM 3× täglich

Gegenanzeigen: Nicht bei Trächtigkeit verabreichen.

Melissentinktur – entspannende Hilfe für nervöse Bäuche

Die Melisse *(Melissa officinalis)* ist eine der sanftesten, aber gleichzeitig wirkungsvollsten Pflanzen, wenn Stress auf den Magen schlägt – auch bei Hunden. Ihre beruhigenden, krampflösenden, blähungstreibenden, verdauungsfördernden und appetitanregenden Eigenschaften machen sie zu einem wertvollen Bestandteil in der Behandlung von Verdauungsproblemen.

Im Zentrum ihrer Wirkung stehen ätherisches Öl wie etwa Citral, Citronellal, die beruhigend auf das Nervensystem wirken und gleichzeitig entblähende Eigenschaften haben. Auch Flavonoide, Triterpene, Bitterstoffe und Gerbstoffe sind enthalten. Gerbstoffe stärken die Darmschleimhaut und können Durchfälle eindämmen, während Flavonoide zusätzlich die krampflösende und zellschützende Wirkung der Pflanze unterstützen.

Die Wirkstoffe entspannen die glatte Muskulatur im Magen-Darm-Trakt und lindern so krampfartige Beschwerden. Darüber hinaus enthält die Melisse Rosmarinsäure, ein starkes Antioxidans mit entzündungshemmender Wirkung, das auch antivirale Eigenschaften aufweist.

Dies macht die Melisse zu einem hervorragenden Mittel bei (stressbedingten) Magen-Darm-Beschwerden, nervösem Durchfall, Blähungen oder Appetitlosigkeit – besonders bei sensiblen Hunden, die emotional auf Veränderungen reagieren.

Zubereitung: Die Tinktur stellst du nach dem Grundrezept zur Herstellung von Tinkturen auf Seite 58 ff. her. Für die Herstellung verwendest du vorzugsweise frische Melissenblätter, da sich die ätherischen Öle beim Trocknen schnell verflüchtigen.

Dosierung: 4 Tropfen/kg KM 3× täglich

Anwendung: Die Melissentinktur kann bei akuten Beschwerden, aber auch kurweise über maximal acht Wochen zur Beruhigung und Harmonisierung des

Die Melisse wirkt nicht nur beruhigend auf die Psyche, sondern auch auf den Magen-Darm-Trakt.

Verdauungstraktes deines Hundes eingesetzt werden.

Gegenanzeigen: Es sind Wechselwirkungen mit Schilddrüsenersatzhormonen, zentral dämpfenden Medikamenten und Barbituraten möglich. Daher würde ich hier von einer Gabe abraten.

Kamillentinktur - beruhigende Hilfe für gereizte Hundebäuche

Die Wirkung der Kamille (Matricaria chamomilla) auf den Verdauungstrakt ist umfassend und sanft zugleich: entzündungshemmend, krampflösend, entblähend und beruhigend. Für Hunde mit empfindlichem Magen, gereiztem Darm oder Bauchkrämpfen ist sie ein vielseitiger und gut verträglicher pflanzlicher Begleiter.

Hauptverantwortlich für die wohltuende Wirkung ist das ätherische Öl, wie Bisabolol und Chamazulen, welches auch die charakteristische blaue Farbe in einem Kamillenöl verleiht. Diese Stoffe wirken entzündungshemmend, antibakteriell und schützend auf die Schleimhäute des Verdauungstraktes. Zusätzlich enthält die Kamille eine Vielzahl an Flavonoiden und Cumarinen, die die glatte Muskulatur entspannen und so Magen- und Darmkrämpfe lindern können. Ihre Schleimstoffe legen sich wie ein schützender Film über gereizte Schleimhäute – das macht sie besonders wertvoll bei etwa Bauchweh, Durchfallerkrankungen, Gastritis, Reizmagen oder Koliken.

Zubereitung: Die Tinktur stellst du nach dem Grundrezept zur Herstellung von Tinkturen auf Seite 58 ff. her. Für die Herstellung verwendest du am besten frische oder gut getrocknete Kamillenblüten in voller Blüte. Wichtig ist, dass du auf Arzneidrogenqualität achtest. Kamille in Lebensmittelqualität ist weniger wirksam.

Dosierung: 4 Tropfen/kg KM 3× täglich

Anwendung: Die Kamillentinktur kann bei akuten Magen-Darm-Beschwerden für die Dauer der Erkrankung verabreicht werden.

Süßholztinktur - wohltuend für Magen, Darm und Schleimhäute

Die Süßholzwurzel *(Glycyrrhiza glabra)* ist ein altbewährtes Mittel für entzündete Schleimhäute im Verdauungstrakt. Ihre lindernde, schützende und regenerierende Wirkung macht sie besonders wertvoll bei Magenbeschwerden, Reizdarm, Magenschleimhautentzündung oder als Unterstützung bei Durchfall.

Im Zentrum steht der Inhaltsstoff Glycyrrhizin, ein Triterpensaponin. Darüber hinaus enthält sie Flavonoide, Cumarine und Polysaccharide. In der Summe wirken ihre Inhaltsstoffe entzündungshemmend und schleimhautschützend. So wirkt die Süßholzwurzel beruhigend auf gereizte Magen- und Darmschleimhäute und kann deren Regeneration fördern.

Zubereitung: Die Tinktur stellst du nach dem Grundrezept zur Herstellung von Tinkturen auf Seite 58 ff. her. Für die Herstellung verwendest du getrocknete und zerkleinerte Süßholzwurzel. Ich empfehle dir, einen 70 %igen Alkohol zu verwenden, damit die Inhaltsstoffe gut aus der Wurzel ausgelöst werden können.

Dosierung: 2–4 Tropfen/kg KM 3× täglich

Anwendung: Zur kurzfristigen, kurweisen Gabe über 10–14 Tage

Gegenanzeigen: Beim Tier sind keine Gegenanzeigen bekannt. Beim Menschen wird von einer Einnahme bei Schwangerschaft, Niereninsuffizienz, Leberzirrhose, cholestatischen Lebererkrankungen, arterieller Hypertonie und Hyperkaliämie abgeraten. Daher würde ich hier auch bei der Anwendung bei unseren Hunden verzichten.

Als „pflanzliches Cortison" hilft die Süßholzwurzel sanft bei gereizten und entzündeten Schleimhäuten des Magens und Darms und wirkt auch regenerierend.

Mariendisteltinktur – Volle Kraft für die Leber

Die Mariendistel *(Silybum marianum)* ist ein echtes Kraftpaket, wenn es um die Unterstützung der Leber geht – dem zentralen Organ für Entgiftung, Verdauung und Stoffwechsel. Für Hunde mit akuten und chronischen (entzündlichen) Lebererkrankungen, toxischen Leberschäden, Fettleber, chronischen oder gallebedingten Verdauungsproblemen, Gallenblasenbeschwerden, chronischen Nierenerkrankungen, Hepatitis B und C, nach Medikamentengaben oder bei Anzeichen von Leberträgheit ist sie eine wertvolle pflanzliche Helferin, die sanft, aber wirkungsvoll reguliert.

Ihr Hauptwirkstoffkomplex, das Silymarin, setzt sich aus mehreren Flavonolignanen zusammen, die die Leberzellen schützen, deren Regeneration fördern und entzündliche Prozesse hemmen. Besonders wichtig: Silymarin stabilisiert die Zellmembran der Hepatozyten und verhindert so, dass toxische Substanzen eindringen können – ein echter Schutzschild für die Leber deines Hundes. Neben Silymarin enthält die Mariendistel Triterpene, Flavonoide, fettes Öl, Sterole genauso wie Bitterstoffe, die den Gallefluss anregen, die Verdauung fördern und dadurch auch bei fettiger Nahrung oder Appetitmangel hilfreich sein können. Ihre antioxidative Wirkung trägt zusätzlich zur Entlastung des gesamten Organismus bei.

Zubereitung: Die Tinktur stellst du nach dem Grundrezept zur Herstellung von Tinkturen auf Seite 58 ff. her. Für die Herstellung verwendest du getrocknete Mariendistelfrüchte. Wichtig ist, die Früchte vor dem Ansetzen bestmöglich zu zerkleinern, damit das Silymarin optimal extrahiert werden kann. Ich empfehle dir, hier einen 70 %igen Alkohol zu verwenden, damit die Pflanzeninhaltsstoffe aus den harten Früchten optimal ausgelöst werden.

Dosierung: 2–4 Tropfen/kg KM 2× täglich

Anwendung: Die Mariendisteltinktur eignet sich zur kurweisen Anwendung über mindestens acht Wochen und maximal etwa zwölf Wochen. Auch im Rahmen einer Frühjahrskur ist sie ein sinnvoller Begleiter.

Extra-Wissen:

Die Mariendistel gehört zu den wenigen Pflanzen mit nachgewiesen regenerierender Wirkung auf die Leberzellen. Gerade bei älteren Hunden oder solchen mit Futterunverträglichkeiten lohnt sich ihr regelmäßiger Einsatz – sanft, schützend und nachhaltig wirksam.

Fencheltinktur – sanfte Hilfe bei Blähungen und Magenunruhe

Der Fenchel *(Foeniculum vulgare)* ist seit Jahrhunderten für seine wohltuende Wirkung auf den Magen-Darm-Trakt bekannt – und auch bei Hunden ein bewährter Helfer bei Verdauungsbeschwerden. Besonders bei Blähungen, Völlegefühl oder krampfartigen Durchfällen sorgt die Fencheltinktur für rasche Linderung – sanft, aber effektiv. Im Zentrum seiner Wirkung steht ätherisches Öl, das entkrampfend auf die glatte Muskulatur im Magen-Darm-Trakt wirkt. Es hilft, Gasansammlungen aufzulösen und

Bei Bauchschmerzen und Krämpfen sorgt Fenchel für schnelle Linderung und ist dabei bekömmlich.

die Darmbewegung zu harmonisieren – ideal für Hunde, die zu Blähungen oder schmerzhaften Bauchkrämpfen neigen. Fenchel enthält zudem Phenolcarbonsäuren, Flavonoide und fettes Öl, die die Wirkung des ätherischen Öls unterstützen und insgesamt verdauungsfördernd und krampflösend wirken.

Zubereitung: Die Tinktur stellst du nach dem Grundrezept zur Herstellung von Tinkturen auf Seite 58 ff her. Für die Herstellung verwendest du Fenchelsamen, da sie die höchste Konzentration an ätherischen Ölen enthalten. Zerstoße die Samen vor dem Ansetzen leicht, um die Wirkstoffe optimal zu extrahieren.

Dosierung: 2 Tropfen/kg KM 1× täglich

Anwendung: Die Fencheltinktur eignet sich zur gezielten Anwendung bei akuten Verdauungsbeschwerden.

Pfefferminztinktur – kühle Erleichterung bei Krämpfen und Übelkeit

Die Pfefferminze *(Mentha piperita)* ist weit mehr als ein erfrischendes Küchenkraut. Ihre intensive Wirkung auf den Verdauungstrakt macht sie zu einer wertvollen Unterstützung bei krampfartigen Beschwerden des Magen-Darm-Traktes, Beschwerden der Gallenblase, Übelkeit, Blähungen und Reizdarm – auch für Hunde, die unter nervösem Magen oder empfindlicher Verdauung leiden.

Extra-Wissen:

Pfefferminze kühlt und entspannt – ideal für Hunde, bei denen sich Stress oder Aufregung schnell auf den Magen schlägt. In Kombination mit Melisse oder Kamille entsteht eine milde, aber sehr wirkungsvolle Magenmischung für nervöse Vierbeiner.

Im Mittelpunkt steht ätherisches Öl, das kühlend, krampflösend und schmerzlindernd wirkt. Es entspannt die glatte Muskulatur des Verdauungstraktes, fördert die Gallenproduktion und lindert Übelkeit. Darüber hinaus enthält die Pfefferminze unter anderem Flavonoide und Rosmarinsäure, die insgesamt entkrampfend und verdauungsfördernd wirken und die Schleimhäute beruhigen.

Zubereitung: Die Tinktur stellst du nach dem Grundrezept zur Herstellung von Tinkturen auf Seite 58 ff. her. Für die Herstellung verwendest du vorzugsweise frische oder gut getrocknete Pfefferminzblätter, idealerweise kurz vor der Blüte geerntet, wenn der Gehalt an ätherischem Öl am höchsten ist.

Dosierung: je nach Größe des Hundes 0,3 bis 0,8 ml auf 1–2 Gaben täglich aufgeteilt

Anwendung: Die Pfefferminztinktur wird mit Wasser verdünnt bei akuten Beschwerden gegeben.

Gegenanzeigen: Bei säureempfindlichen Hunden oder Magenübersäuerung sollte sie nur vorsichtig eingesetzt werden. Bei schweren Leberschäden und Verschluss der Gallenwege sollte auf die Gabe verzichtet werden.

Tinkturmischungen

Bittertinktur – Löwenzahn, Schafgarbe, Engelwurz – sanfter Appetit- und Verdauungswecker für deinen Hund

Wenn die Verdauung deines Hundes träge ist, der Appetit schwächelt oder die Leber ein wenig Starthilfe braucht, ist die Bittertinktur eine wunderbare pflanzliche Unterstützung. Die Mischung aus Löwenzahn, Schafgarbe und Engelwurz verbindet bitterstoffreiche Pflanzen, die die Produktion von Verdauungssäften anregen, die Galle anregen und insgesamt aktivierend auf Leber, Magen und Darm wirken.

Löwenzahn liefert wertvolle Bitterstoffe wie Taraxacin, die besonders auf die Galleproduktion wirken. Die Schafgarbe ergänzt mit ihrer tonisierenden und gallensäfteanregenden Wirkung. Die Engelwurz *(Angelica archangelica)* komplettiert die Mischung mit ihrem hohen Gehalt an Bitterstoffen und ätherischem Öl, die die Magensaftproduktion und den Appetit anregen und die Verdauung fördern.

Zubereitung: Die Tinktur stellst du nach dem Grundrezept zur Herstellung von Tinkturen auf Seite 58 ff. her. Ich empfehle dir, für die Tinktur einen 70 %igen Alkohol zu verwenden, da Wurzelteile ausgezogen werden.

Zutaten:
- 25 g (12,5 g getr.) Löwenzahnblätter und -wurzel
- 25 g (12,5 g getr.) Schafgarbenkraut
- 5 g getr. Engelwurzwurzel

Dosierung: 3 Tropfen/kg KM 3× täglich

Gegenanzeigen: Nicht bei Magen-Darm-Geschwüren, bestehendem Gallenstau oder Trächtigkeit anwenden. Auch bei Welpen und Junghunden sollte aufgrund der stark entschlackenden Wirkung auf die Gabe verzichtet werden.

Anwendung: Die Bittertinktur eignet sich hervorragend als kurweise Gabe vor dem Füttern – ideal zur Anregung von Appetit und Verdauungssäften.

Lebertinktur – Pflanzenpower für das Entgiftungsorgan deines Hundes

Die Leber ist ein echtes Multitalent: Sie entgiftet, speichert, wandelt um – kurz: Sie hält den Stoffwechsel deines Hun-

Mit dieser Tinktur wirken wir regulierend auf den Stoffwechsel ein und unterstützen sanft die Leber, die jeden Tag Höchstleistungen vollbringen muss.

des am Laufen. Mit dieser Tinktur aus Mariendistel, Löwenzahn, Schafgarbe und Tausendgüldenkraut lässt sich dieses zentrale Organ sanft, aber wirkungsvoll unterstützen.

Im Mittelpunkt steht die Mariendistel – „die Leberpflanze schlechthin" – mit ihrem Wirkstoffkomplex Silymarin. Dieser schützt die Leberzellen vor Schadstoffen, fördert ihre Regeneration und wirkt antioxidativ. Löwenzahn liefert zusätzlich Bitterstoffe, die die Gallenproduktion anregen und die Leber entlasten. Die Schafgarbe als weitere starke Pflanze für die Leber wirkt entgiftend und tonisierend und unterstützt auch die Gallenfunktion. Abgerundet wird die Mischung durch das Tausendgüldenkraut, eine bittere Schönheit mit tonisierender Wirkung auf den gesamten Verdauungstrakt und unterstützendem Einfluss auf die Leberleistung, die auch noch den Appetit anregt.

Die Tinktur eignet sich etwa bei leberbedingten Verdauungsstörungen, bei akuten und chronisch (entzündlichen) Lebererkrankungen, Hepatitis, zur Unterstützung der Galle, toxischen Leberschäden, Fettleber, zur allgemeinen Stoffwechselaktivierung und wiederkehrenden Verdauungsbeschwerden.

Zubereitung: Die Tinktur stellst du nach dem Grundrezept zur Herstellung von Tinkturen auf Seite 58 ff. her. Ich empfehle, einen 70 %igen Alkohol zu verwenden, damit die wertvollen Inhaltsstoffe aus den Mariendistelsamen und der Löwenzahnwurzel ausgezogen werden können.

Zutaten:
- 20 g (10 g getr.) Mariendistelsamen
- 20 g (10 g getr.) Löwenzahnkraut und -wurzel
- 15 g (7,5 g getr.) Schafgarbenkraut
- 5 g getr. Tausendgüldenkraut

Dosierung: 2–4 Tropfen/kg KM 2× täglich

Anwendung: Die Lebertinktur eignet sich zur kurweisen Anwendung über 8–12 Wochen.

Gegenanzeigen: Bei Magenschleimhautentzündungen, Magen-Darm-Geschwüren, bestehendem Gallenstau oder Trächtigkeit nicht anwenden. Auch bei Welpen und Junghunden sollte aufgrund der stark entschlackenden Wirkung auf die Gabe verzichtet werden.

Galle-Tropfen – pflanzlicher Impuls für eine gesunde Fettverdauung: Löwenzahn, Artischocke, Schafgarbe, Pfefferminze, Fenchel

Wenn dein Hund nach dem Fressen mit Unwohlsein, Aufstoßen oder Blähungen reagiert, könnte die Ursache eine träge Gallenfunktion sein.

Diese Tinkturmischung unterstützt die Gallenbildung und den Gallenfluss und beruhigt gleichzeitig krampfende Gallenwege – ideal für Hunde mit Verdauungsbeschwerden, Völlegefühl nach dem Fressen, Blähungen oder funktioneller Gallenblasen-Trägheit.

Artischockenblätter *(Cynara scolymus)* liefern Bitterstoffe wie Cynaropicrin sowie Caffeoylchinasäuren und Flavonoide. Sie fördern Bildung und Fluss der Galle, sind leberzellschützend und unterstützen den Fettstoffwechsel, helfen bei Völlegefühl nach dem Fressen, funktioneller Gallenblasen-Trägheit oder zur Regeneration nach leberbelastenden Phasen.

Löwenzahn *(Taraxacum)* liefert Bitterstoffe und regt Leber und Galle an und fördert die Verdauung von Fetten; das enthaltene Inulin unterstützt zudem ein gesundes Darmmilieu. Schafgarbe entkrampft die Gallenwege und harmonisiert das Leber-Galle-System. Pfefferminze entspannt die glatte Muskulatur der Gallenwege und lindert Übelkeit. Fenchel wirkt karminativ und entblähend und rundet die Mischung bei gasbedingtem Druckgefühl ab.

Zubereitung: Die Tinkturmischung stellst du nach dem Grundrezept zur Herstellung von Tinkturen auf Seite 58 ff. her. Ich empfehle dir die Verwendung eines 70 %igen Alkohols, damit die Pflanzeninhaltsstoffe aus der Löwenzahnwurzel ausgelöst werden.

Wenn die Galle etwas Unterstützung benötigt, ist die Kombination der Kräuter dieser Tinktur hilfreich, da wir die Galleproduktion anregen und auch auf den Verdauungstrakt ausgleichend einwirken.

Zutaten:

- 20 g getr. Artischockenblätter
- 20 g (10 g getr.) Löwenzahnkraut & -wurzel
- 10 g (5 g getr.) Schafgarbenkraut
- 10 g (5 g getr.) Pfefferminzkraut
- 5 g getr. Fenchelsamen

Dosierung: 4 Tropfen/kg KM 2–3× täglich

Anwendung: Die Galle-Tropfen gibst du am besten kurweise mindestens 30 Minuten vor dem Fressen.

Gegenanzeigen: Bei Magenschleimhautentzündungen, bestehendem Gallenstau, Magen- und Zwölffingerdarmgeschwüren, schweren Leberschäden, Trächtigkeit oder Laktation nicht anwenden. Auch bei Welpen und Junghunden sollte aufgrund der stark entschlackenden Wirkung auf die Gabe verzichtet werden.

Kaltauszüge

Eibischwurzel-Kaltauszug – sanfte Schleimhauthilfe bei Sodbrennen und Gastritis

Wenn dein Hund unter Sodbrennen oder einer Magenschleimhautentzündung leidet, ist ein Kaltauszug aus Eibischwurzel eine der sanftesten, aber gleichzeitig effektivsten pflanzlichen Hilfen. Die Wurzel des Echten Eibischs (Althaea officinalis) enthält eine hohe Konzentration an Schleimstoffen, die sich wie ein schützender Film über die angegriffene Schleimhaut legen. Diese Schutzschicht beruhigt, lindert Reizungen und verhindert eine weitere Reizung durch Magensäure – ganz ohne den Verdauungsvorgang zu hemmen. Auch entzündungshemmende sekundäre Pflanzenstoffe wie Flavonoide und Cumarine tragen zur regenerierenden Wirkung bei.

Für die Zubereitung des Kaltauszugs folge bitte der Anleitung auf Seite 64.

Dosierung: 50–100 ml/10 kg KM 3× täglich

Anwendung: Den Kaltauszug etwa 30 Minuten vor den Mahlzeiten verabreichen. Wichtig: Nicht erhitzen, da sonst die empfindlichen Schleimstoffe zerstört werden. Der Abstand zur Gabe von Medikamenten sollte zwei Stunden betragen.

Malvenblüten-Kaltauszug – milde Unterstützung bei gereiztem Magen

Auch die Blüten der Wilden Malve *(Malva sylvestris)* enthalten wertvolle Schleimstoffe, die bei Gastritis oder Sodbrennen eine wohltuende Wirkung entfalten – besonders bei Hunden, deren Verdauungstrakt sensibel reagiert. Diese bilden mit Wasser eine gelartige Schutzschicht, die die Magenschleimhaut überzieht und so Reizungen lindert. Ergänzt wird diese Wirkung durch Flavonoide wie Anthocyane und Quercetin, die entzündungshemmend wirken und die Regeneration fördern.

Die Anleitung für das Ansetzen eines Kaltauszugs findest du auf Seite 64.

Dosierung: 50–100 ml/10 kg KM 3× täglich

Anwendung: Den Malvenblütenauszug kannst du vor den Mahlzeiten mit etwa 30 Minuten Abstand verabreichen. Der Abstand zur Medikamentengabe sollte zwei Stunden betragen. Bitte den Auszug nicht erhitzen, da dies die Schleimstoffe zerstört.

Teezubereitungen für den Verdauungstrakt

Die Teezubereitungen stellst du nach der Zubereitungsanleitung auf Seite 63 her.

Fencheltee – wohltuende Unterstützung bei Blähungen und empfindlichem Magen

Der Fenchel *(Foeniculum vulgare)* kann auch als Teezubereitung lauwarm verabreicht werden. Ausführliche Informationen zum Fenchel kannst du auf Seite 105 nachlesen.

Zutaten:
- 1–2 TL zerdrückte Fenchelsamen

Dosierung:
- Hunde bis 5 kg 1× täglich ½ TL
- Hunde bis 15 kg 1× täglich 1 TL
- Hunde bis 30 kg 1× täglich ½–1 EL
- Hunde über 30 kg 1× täglich 1–2 EL

Anwendung: Im Akutfall für die Dauer der Beschwerden.

> **Extra-Wissen:**
> *Fenchel ist eine der ältesten bekannten Heilpflanzen – bereits in der Antike wurde er für seine verdauungsfördernden Eigenschaften geschätzt.*

Gänsefingerkrauttee – krampflösender Helfer bei Durchfall & Bauchweh

Das Gänsefingerkraut *(Potentilla anserina)* ist ein altbewährtes Kraut, das besonders durch seine adstringierende Wirkung überzeugt – ideal für Hunde, die unter akuten Durchfallerkrankungen, einem nervösen Verdauungssystem oder aber auch Entzündungen der Maul- oder Rachenschleimhaut leiden.

Seine starke Wirkung verdankt das Gänsefingerkraut einem ausgewogenen Mix an Gerbstoffen, Flavonolglycosiden und Phenolcarbonsäuren. Besonders die enthaltenen Flavonolglycoside wie Kämpferol und Quercetin wirken entkrampfend auf die glatte Muskulatur im Magen-Darm-Trakt. Gleichzeitig tragen die Gerbstoffe dazu bei, die Schleimhäute zu unterstützen und Reizungen zu lindern – eine wertvolle Eigenschaft bei leichten Durchfällen oder empfindlichem Darm.

Zutaten:

- 1–2 TL Gänsefingerkraut

Dosierung: Den Tee über den Tag verteilt in kleinen Portionen verabreichen. 1 TL entspricht etwa 0,7 g getrocknetem Gänsefingerkraut. Hunde dürfen 1–4 g pro Tag (je nach Größe des Hundes) zu sich nehmen.

Anwendung: Gänsefingerkraut eignet sich ausschließlich zur kurzfristigen Gabe über etwa fünf bis sieben Tage, da eine langfristige Gabe aufgrund der enthaltenen Gerbstoffe zu Leberschäden führen könnte.

Magen-Darm-Tee – wohltuende Hilfe bei leichter Übelkeit und Bauchweh

Dieser Tee ist ein bewährter Begleiter bei leichten Magen-Darm-Beschwerden deines Hundes – sei es bei Blähungen, Appetitlosigkeit, leichter Übelkeit oder einem unruhigen Bauch. Die Kombination aus Schafgarbe, Fenchel und Pfefferminze bringt drei starke Pflanzen zusammen, die in ihrer Wirkung ideal aufeinander abgestimmt sind.

Die Schafgarbe wirkt krampflösend und regulierend auf den Verdauungstrakt, was besonders bei nervösem Magen oder Blähungen hilfreich ist. Ihre Bitterstoffe und ihr ätherisches Öl unterstützen zudem die Gallenfunktion und sorgen für eine bessere Fettverdauung. Fenchel ist bekannt für seine beruhigenden, entblähenden Eigenschaften. Seine Wirkstoffe helfen, Gasansammlungen im Darm zu lösen und die Verdauung sanft anzuregen. Pfefferminze schließlich rundet die Mischung ab: Sie wirkt besonders wohltuend bei Übelkeit oder nervösem Magen.

Zutaten für die Teemischung:

- 20 g (10 g getr.) Schafgarbenkraut
- 20 g Fenchelsamen
- 10 g (5 g getr.) Pfefferminzblätter

Zutaten für die Herstellung:

- 1–2 TL der Teemischung

Dosierung: 10–25 ml/10 kg KM 3x täglich

Anwendung: Im Akutfall bei Vorliegen der Beschwerden.

Gegenanzeigen: Nicht bei trächtigen Hündinnen. Auch bei schweren Leberschäden, Verschluss der Gallenwege und Magenübersäuerung sollte auf die Gabe verzichtet werden.

Leber-Galle-Tee

Die Kombination aus Schafgarbe, Löwenzahnkraut und -wurzel, Pfefferminze und Fenchel ergibt eine kraftvolle, aber dennoch gut verträgliche Teemischung zur Unterstützung der Leberfunktion deines Hundes bei zum Beispiel akuten und chronischen Lebererkrankungen. Doch auch bei Hunden, die zu Gallebeschwerden, Verdauungsproblemen oder Appetitlosigkeit neigen, kann diese Mischung eine wertvolle Hilfe sein.

Die Schafgarbe bringt eine entkrampfende und leberanregende Wirkung mit.

Löwenzahn – in Kraut und Wurzel – regt den Gallefluss an, stärkt die Verdauung und unterstützt die Entgiftung über die Leber, während Minze kühlend, beruhigend und leicht krampflösend wirkt. Fenchel ergänzt durch seine sanft entblähende Komponente, die die Darmtätigkeit harmonisiert.

Diese Mischung eignet sich nicht nur zur Leberunterstützung, sondern wirkt gleichzeitig auch regulierend auf den gesamten Verdauungstrakt.

Zutaten für die Teemischung:
- 20 g (10 g getr.) Schafgarbe
- 20 g (10 g getr.) Löwenzahnkraut und -wurzel
- 10 g (5 g getr.) Pfefferminze
- 5 g Fenchelsamen

Darm, Galle, Leber & Co. funktionieren zusammen – schwächelt die Leber, können wir sie mit der Teemischung stärken und zugleich auch die Darmtätigkeit harmonisieren und die Verdauung verbessern.

Zutaten für die Herstellung:
- 1–2 TL der Teemischung

Dosierung: 10–25 ml/10 kg KM 3x täglich

Anwendung: Im Akutfall bei Vorliegen von Beschwerden durch die oben genannten Erkrankungen.

Gegenanzeigen: bestehender Gallenstau, Magensäureüberproduktion, Welpen und Junghunde aufgrund der stark entschlackenden Wirkung, Trächtigkeit, bei schweren Leberschäden.

Fenchel-Kümmel-Anis – Teemischung bei zu viel Luft im Bauch und Bauchweh

Wenn dein Hund unter Blähungen, Bauchweh oder krampfartigen Bauchschmerzen leidet, kann diese bewährte Teemischung aus Fenchel, Kümmel und Anis eine wohltuende Linderung bringen. Die Kombination dieser drei klassischen Pflanzen wirkt entblähend, entspannend und fördert sanft die Verdauung.

Fenchel *(Foeniculum vulgare)* bringt ätherische Öle wie Anethol und Fenchon mit, die die Darmmuskulatur entspannen und die Gasbildung im Verdauungstrakt reduzieren. Gleichzeitig unterstützt er durch seine milden Bitterstoffe die Sekretion von Verdauungssäften und kann so auch Appetitlosigkeit mildern.

Kümmel *(Carum carvi)* ist ein echter Klassiker bei Blähungen. Seine Wirkstoffe wie Carvon und Limonen helfen, Gärungsgase abzubauen, wirken krampflösend und fördern die natürliche Darmbewegung. Dabei greift Kümmel sanft regulierend ein.

Anis *(Pimpinella anisum)* rundet die Mischung mit seinem süßlich-aromatischen Geschmack ab und bringt neben ätherischen Ölen auch antimikrobielle Eigenschaften mit. Er wirkt ausgleichend auf die Verdauung und beruhigt nervöse Mägen.

Zutaten für die Teemischung:

- 10 g Anisfrüchte
- 10 g Kümmelfrüchte
- 10 g Fenchelsamen

Zutaten für die Herstellung:

- 1 TL der Teemischung – Bitte denke daran, die Mischung, bevor du sie mit Wasser übergießt, anzustoßen.

Dosierung:

- Hunde bis 5 kg 2–3x täglich 1 TL
- Hunde bis 15 kg 2–3x täglich 1 EL
- Hunde bis 30 kg 2–3x täglich 1–2 EL
- Hunde über 30 kg 2–3x täglich 2–4 EL

Anwendung: Zur kurzfristigen Gabe bei akuten Beschwerden.

Beruhigende Teemischung bei Durchfall mit Krämpfen – Kamille, Melisse, Fenchel, Gänsefingerkraut

Diese Teemischung bietet eine gezielte Unterstützung bei Durchfall, der mit Bauchkrämpfen oder Unruhe im Verdauungstrakt einhergeht. Die Kombination aus Kamille, Melisse, Fenchel und Gänsefingerkraut wirkt entzündungshemmend, beruhigend und entspannend auf die Darmmuskulatur – genau das Richtige, wenn der Bauch deines Hundes rebelliert.

Kamille bringt eine entzündungshemmende und krampflösende Wirkung mit. Sie beruhigt gereizte Schleimhäute und unterstützt die Regeneration im Magen-Darm-Bereich. Melisse ergänzt durch-

Bauchweh und Durchfall schwächen unsere Hunde enorm. Mit diesem Tee linderst du die Beschwerden und unterstützt zugleich eine gute Flüssigkeitsversorgung.

eine entspannende und krampflösende Wirkung – hilfreich auch, wenn Verdauungsbeschwerden durch Stress ausgelöst werden. Fenchel wirkt entblähend und entkrampfend, lindert unangenehme Gasansammlungen und fördert eine sanfte Darmtätigkeit. Gänsefingerkraut rundet die Mischung mit seinen Gerbstoffen ab, lindert den Durchfall und bringt Entspannung in den Verdauungstrakt.

Zutaten für die Teemischung:

- 20 g (10 g getr.) Kamille
- 20 g (10 g getr.) Melisse
- 10 g (5 g getr.) Gänsefingerkraut
- 5 g getr. Fenchel

Zutaten für die Zubereitung:

- 1–2 TL der Teemischung

Dosierung: 25–40 ml/5 kg KM 2x täglich

Anwendung: Aufgrund der Gerbstoffe im Gänsefingerkraut nur kurzfristig über wenige Tage anwenden.

Durchfall-Tee – Brombeerblätter, Kamille, Fenchel

Der Durchfall-Tee ist eine sanfte, aber wirkungsvolle Unterstützung bei akutem Durchfall deines Hundes. Sie verbindet adstringierende, entzündungshemmende und darmregulierende Pflanzen, die gemeinsam zur Stabilisierung des Verdauungstrakts beitragen.

Brombeerblätter *(Rubus fruticosus)* enthalten eine Vielzahl an Gerbstoffen, die die Darmschleimhaut unterstützen und überschüssige Flüssigkeit im Stuhl binden. Sie wirken adstringierend, entzündungshemmend und keimreduzierend. Der Durchfall wird gelindert. Kamille bringt zusätzlich entzündungshemmende und beruhigende Eigenschaften mit, die besonders bei Durchfall mit Bauchkrämpfen wohltuend sind und für Schleimhautberuhigung sorgen. Fenchel schließlich hilft, Blähungen zu lindern und die Darmbewegung sanft zu regulieren.

Zutaten:

- 30 g (15 g getr.) Brombeerblätter
- 20 g (10 g getr.) Kamille
- 5 g Fenchel

Dosierung: 50–100 ml/10 kg KM auf mehrere Gaben am Tag verteilt

Anwendung: Aufgrund der Gerbstoffe nur kurzfristige Anwendung im Akutfall über wenige Tage.

Rezepturen für das Immunsystem und den Stoffwechsel – Gesunderhaltung & Genesung

Nicht nur die Behandlung und Begleitung von Erkrankungen ist wichtig, auch die Gesunderhaltung des Organismus, wie man den Körper frühzeitig unterstützen kann und ihm bei ersten Anzeichen von „Schwäche" unter die Arme greifen und in der Genesung unterstützen kann, spielen eine wichtige Rolle. Das können wir unter anderem über die Modulation des Immunsystems und auch über die Anregung des Stoffwechsels.

Das Immunsystem hat eine wichtige Schutzfunktion im Körper. Es soll nicht nur vor externen, schädlichen Einflüssen wie Krankheitserregern schützen, sondern überwacht auch innerhalb des Körpers auf Zellebene. So werden abgenutzte Zellen abgebaut und auch recycelt und Tumorzellen eliminiert. Zum Immunsystem gehören unter anderem die Lymphknoten, das Knochenmark, die Milz und der Thymus. Die Lymphknoten sind wie Filterstationen im Lymphsystem, welches den gesamten Körper durchzieht, und sie fungieren auch als „Ausbildungsstellen" der Abwehrzellen. Sehr zahlreich ist das Lymphgewebe im Magen-Darm-Trakt und im Rachenraum zu finden und sorgt dafür, dass über Nahrung und Atemluft nichts Schädliches in den Körper gelangt.

Als Stoffwechsel bezeichnet man die Gesamtheit aller biochemischen Prozesse im Körper. Dazu gehören die Aufnahme, der Transport und die Umwandlung von Stoffen, die beispielsweise über Nahrung und Atmung aufgenommen wurden, um den Organismus mit Energie zu versorgen und zur Aufrechterhaltung aller Aufgaben des Körpers. Auch Entgiftungsprozesse gehören zum Stoffwechsel, genauso wie der Abbau von Medikamenten und die Ausscheidung von Stoffwechselendprodukten. Die Leber spielt hier eine wichtige Rolle. Ihr werden über den Darm, genauer gesagt über die Pfortader, vom Darm aufgenommenen Nährstoffe, aber eben auch Giftstoffe und Arzneistoffe zugeführt. Von der Leber aus wird nicht mehr Verwertbares zur Ausscheidung vorbereitet, Nützliches wird ins Blut weitergegeben.

Stoffwechsel und Immunsystem können sich grundsätzlich sehr gut an die sich ständig verändernden Lebensbedingungen anpassen. Doch kann es auch dazu kommen, dass der Organismus sich nicht mehr regulieren und ausgleichen kann und es zu Funktionsstörungen kommt. Das kann akute, aber auch chronische Erkrankungen des Immunsystems und des Stoffwechsels nach sich ziehen. Ein überschießendes Immunsystem etwa äußert sich beispielsweise häufig durch Allergien oder Autoimmunerkrankungen.

Ist ein Hund erst einmal von einer Autoimmunerkrankung betroffen, bedeutet dies, dass das Immunsystem sich gegen den eigenen Organismus richtet. Hier bedarf es eines erfahrenen Therapeuten, der dich dabei unterstützt, das Immunsystem zu regulieren.

Was du aber selbst übernehmen kannst – da man nicht immer leicht erkennen kann, wann der Organismus an seine Grenzen der Regulationsfähigkeit kommt – ist, das Immunsystem und den Stoffwechsel deines Hundes vorbeugend zu unterstützen.

So können wir mit Hilfe von Kräutern den Stoffwechsel aktivieren und die Ausscheidung von Stoffwechselendprodukten beschleunigen. Ebenso können wir modulierend auf das Immunsystem einwirken, wenn wir bemerken, dass ein Infekt sich ankündigt oder um die Genesung zu unterstützen.

Wann ist es sinnvoll, das Immunsystem zu unterstützen und den Stoffwechsel zu aktivieren?

Sinnvoll ist es beispielsweise beim Wechsel der Jahreszeiten in Form einer Frühjahrs- oder Herbstkur, bei chronischen Erkrankungen, im Alter und bei geschwächten Tieren, während der Trächtigkeit und Laktation, nach einer anstrengenden Geburt, einer erhöhten Infektionsgefahr, zum Beispiel durch einen Aufenthalt in einer Tierpension, auf Turnieren oder Ausstellungen, aber auch, wenn ein Infekt sich abzeichnet, um diesen besser und schneller durchzustehen, genauso wie in der Genesungsphase.

Wichtig!

Eine Immunstimulation erfolgt immer nur kurzfristig und nie als Dauergabe!

Werden Immunmodulatoren zu lange eingesetzt, kann sich die Wirkung umkehren und das Immunsystem dann erst recht Schwierigkeiten bereiten. Alle in diesem Kapitel vorgestellten Rezepturen sind zur kurweisen Gabe gedacht.

Was können wir mit Kräuterzubereitungen erreichen?

- Aktivierung des Immunsystems
- Regulierung und Modulierung eines überschießenden Immunsystems
- Stärkung der Schleimhäute als Barriere gegen Krankheitserreger
- Anregung der Stoffwechselprozesse
- Verminderung der Ablagerung von Stoffwechselendprodukten
- Beschleunigung der Ausscheidung von „Giftstoffen"
- Durchblutungsförderung auch der Organe

Einzeltinkturen

Wasserdosttinktur – zur Stärkung der körpereigenen Abwehr beim Hund

Der Wasserdost *(Eupatorium perfoliatum)* hat eine lange Tradition in der Naturheilkunde – besonders dann, wenn das Immunsystem gefordert ist. Gerade bei Hunden, die anfällig für Infekte sind oder sich in der Regeneration nach einer Erkrankung befinden, kann die Tinktur aus Wasserdost wertvolle Dienste leisten. Aber auch als Bestandteil einer gezielten Immunstärkung – etwa im Rahmen einer Frühjahrskur – ist sie bei Hunden sehr wirkungsvoll.

Die Wirkstoffe des Wasserdost fördern die Bildung und Aktivität der Abwehrzellen, regen die Ausscheidung über Lymphe und Niere an und unterstützen den Körper dabei, Krankheitserreger schneller zu erkennen und auszuleiten. Wasserdost ist übrigens um ein Vielfaches stärker als Immunstimulans als Echinacea.

Wichtig ist, dass die Tinktur nur kurweise gegeben wird, um das Immunsystem zu aktivieren, da es ansonsten in eine gegenteilige Wirkung umschlagen könnte.

Die Wasserdosttinktur stellst du nach dem Grundrezept zur Herstellung von Tinkturen auf Seite 58 ff. her. Für die Herstellung der Tinktur verwendest du das frische oder getrocknete Kraut.

Dosierung:

- kleine Hunde 3× täglich 1 Tropfen,
- mittlere Hunde 3× täglich 2 Tropfen
- große Hunde 3× täglich 5 Tropfen

Anwendung: Die Dauer der Kur ist über fünf Tage meist schon ausreichend und sollte auch nicht überschritten werden. Du kannst dann fünf Tage pausieren und bei Bedarf dann nochmals fünf Tage lang die Tinktur verabreichen.

Gegenanzeigen: Bei Autoimmunerkrankungen, fortschreitenden Systemerkrankungen, chronischen Viruserkrankungen sowie gleichzeitiger Gabe von Immunsuppressiva darf die Tinktur nicht angewendet werden.

Echinaceatinktur – zur Aktivierung der Abwehrkräfte beim Hund

Der Purpursonnenhut *(Echinacea purpurea)* ist eine der bekanntesten immunstärkenden und immunmodulierenden Pflanzen in der Phytotherapie – und das aus gutem Grund. Seine Wirkung auf die körpereigene Abwehr ist vielfach untersucht und auch bei Hunden kann er wertvolle Unterstützung bieten, wenn das Immunsystem schwächelt oder besonderen Belastungen ausgesetzt ist.

Die Kraft der Echinacea liegt in ihrer Fähigkeit, die Aktivität der Immunzellen anzuregen und zu modulieren – die insbesondere die der Makrophagen, die für das Erkennen und Bekämpfen von Krankheitserregern verantwortlich sind. Zu verdanken ist das einer Kombination aus zum Beispiel Alkamiden, Flavonoiden, Polysacchariden und Kaffeesäureverbindungen. Diese Inhaltsstoffe unterstützen den Organismus dabei, schneller auf Infekte zu reagieren und die Abwehr gezielt zu mobilisieren.

Die Tinktur eignet sich vor allem zur kurzen, kurweisen Anwendung – etwa im Herbst oder Frühjahr oder bei Hunden, die häufig unter Infekten leiden. Auch während der Rekonvaleszenz oder wenn gerade ein Infekt im Anmarsch ist, kann sie dabei helfen, das Immunsystem wieder ins Gleichgewicht zu bringen.

Die Echinaceatinktur stellst du nach dem Grundrezept zur Herstellung von Tinkturen auf Seite 58 ff. her. Für die Herstellung der Tinktur verwendest du das frische oder getrocknete Kraut.

Dosierung: 2–4 Tropfen/kg KM 3× täglich

Anwendung: Echinacea sollte nicht dauerhaft gegeben werden, da eine zu lange Stimulation das Immunsystem ins Ungleichgewicht bringen kann. Ich empfehle eine kurweise Gabe von fünf bis maximal zehn Tagen.

Gegenanzeigen: Bei Autoimmunerkrankungen, fortschreitenden Systemerkrankungen, chronischen Viruserkrankungen sowie gleichzeitiger Gabe von Immunsuppressiva darf die Echinaceatinktur nicht angewendet werden.

Propolistinktur – natürliche Abwehrkraft für deinen Hund

Propolis dient im Bienenstock als Schutzschild gegen Keime – und genau diese Wirkung macht sich auch die Naturheilkunde zunutze. Schon seit Jahrhunderten wird es wegen seiner stark antimikrobiellen und entzündungshemmenden Eigenschaften geschätzt.

Es enthält eine Vielzahl wirksamer Substanzen wie beispielsweise Harze, Polyphenole und Flavonoide und wirkt immunstärkend, antibakteriell, antiviral und pilzhemmend zugleich. Weiterhin wirkt es unter anderem schmerzlindernd, entzündungshemmend und antiseptisch. Seine komplexe Wirkstoffkombination macht Propolis zu einem natürlichen Breitbandmittel gegen eine Vielzahl von Krankheitserregern. Es wird häufig auch als sogenanntes Phytobiotikum, sprich ein pflanzliches Antibiotikum, bezeichnet.

Bei Hunden kann Propolis eine wertvolle Unterstützung sein, wenn es darum geht, bestehende Infekte zu lindern oder das Immunsystem vorbeugend zu stärken. Perfekt also in der nasskalten Jahreszeit zur Vorbeugung und wenn man spürt, dass der Hund angeschlagen ist.

Meine Empfehlung: Bitte nur Propolis von biologischen Bienenvölkern verwenden, um Insektizidrückstände zu vermeiden.

Tipp

Propolis kannst du am besten zerkleinern, wenn es tiefgefroren ist.

Die Propolistinktur stellst du nach dem Grundrezept zur Herstellung von Tinkturen auf Seite 58 ff. her. Wichtig ist hierbei, dass du nach Möglichkeit 70 %igen Alkohol verwendest, da aufgrund des hohen Harzgehaltes sich die Wirkstoffe in 40 %igem Alkohol kaum lösen.

Das Propolis sollte im Alkohol über einen Zeitraum von 3 Wochen ausgezogen werden.

Dosierung:

- bei akuten Beschwerden bis zu 6 × 10 Tropfen/Tag
- bei chronischen Beschwerden und zur Steigerung der Immunabwehr bis zu 10 Tropfen 2× täglich

(Dosierungsangaben für den Menschen nach Exner)

Anwendung: Mit der Propolistinktur begleitest du deinen Hund kurweise während eines Infektes oder in kurzen Kuren zur Vorbeugung über wenige Tage. Auch bei beispielsweise Zahnfleischentzündungen und Zahnschmerzen findet Propolis Anwendung. Hier greift zusätzlich eine analgetische Wirkung.

Nicht nur für die Atemwege ist Spitzwegerich hilfreich, sondern auch, um das Immunsystem zu unterstützen, und zwar auch über die Schleimhäute des Magen-Darm-Traktes.

Spitzwegerichtinktur – Schleimhautschutz und Immunbalance für deinen Hund

Der Spitzwegerich *(Plantago lanceolata)* ist vor allem für seine beruhigende Wirkung auf gereizte Schleimhäute bekannt. Doch seine Wirkung geht weit darüber hinaus: Gerade im Zusammenhang mit dem Immunsystem spielt er eine zentrale Rolle – insbesondere dann, wenn es um die Abwehr an den Schleimhautbarrieren geht, wie in den Atemwegen oder im Magen-Darm-Trakt. Die Pflanze enthält eine wertvolle Kombination aus Schleimstoffen, Iridoidglykosiden (wie Aucubin), Gerbstoffen und Flavonoiden. Die Schleimstoffe legen sich wie ein schützender Film über entzündete oder gereizte Schleimhäute und lindern Reizungen – etwa bei trockenem Reizhusten oder Magenbeschwerden. Das Iridoidglykosid Aucubin hat darüber hinaus eine antibakterielle und entzündungshemmende Wirkung, die besonders auf das lokale Immunsystem wirkt.

Für Hunde mit wiederkehrenden Schleimhautentzündungen – sei es in den Atemwegen, im Maulbereich oder auch im Verdauungstrakt – bietet die Spitzwegerichtinktur eine sanfte, aber effektive Unterstützung. Sie fördert die Regeneration der Schleimhäute, stärkt deren Abwehrkraft gegen Keime und trägt so zur Stabilisierung des Immunsystems bei.

Auch im Rahmen einer immunmodulierenden Kur – etwa in der Übergangszeit oder bei erhöhter Infektanfälligkeit – ist Spitzwegerich eine wertvolle Ergänzung.

Die Spitzwegerichtinktur stellst du nach dem Grundrezept zur Herstellung von Tinkturen auf Seite 58 ff. her. Für die Herstellung der Tinktur verwendest du frische oder getrocknete Spitzwegerichblätter.

Dosierung: Tinktur 1–2 ml/10 kg KM 3× täglich für etwa 2–3 Wochen

Kapuzinerkressetinktur – pflanzliches Antibiotikum zur Infektabwehr beim Hund

Die leuchtenden Blüten der Kapuzinerkresse *(Tropaeolum majus)* sind nicht nur ein Blickfang im Garten, sondern zeichnen sich auch durch ihre antibiotische Wirkung aus. Dies macht sie zu einer der wichtigsten Pflanzen in der natürlichen Infektabwehr und Stärkung des Immunsystems. Besonders zur Stärkung der körpereigenen Abwehr, aber auch bei bakteriellen Infektionen der Atemwege oder Harnwege, ist sie ein echter Schatz.

Ihre Wirkung verdankt die Kapuzinerkresse den enthaltenen Senfölglykosiden, insbesondere dem Glucotropaeolin.

Hier habe ich die Tinktur auf Basis eines Apfelessigs hergestellt, was ihre Wirkung nicht schmälert.

Extra-Wissen:

Die Kapuzinerkresse wurde 2013 zur Arzneipflanze des Jahres gewählt – nicht zuletzt wegen ihrer breiten Wirkung gegen verschiedenste Keime und ihrer hervorragenden Verträglichkeit. In der Pflanzenheilkunde gilt sie als eines der besten natürlichen Antibiotika.

Im Körper wird es zu Benzylsenföl umgewandelt – einer Substanz, die stark immunstimulierend, antibakteriell, antiviral und entzündungshemmend wirkt. Anders als synthetische Antibiotika greift die Kapuzinerkresse dabei nicht die Darmflora an und ist daher auch bei empfindlichen Hunden gut verträglich.

Die Tinktur eignet sich hervorragend zur Vorbeugung in Zeiten erhöhter Ansteckungsgefahr wie dem Wechsel von Jahreszeiten, bei Hunden mit chronischer Infektneigung oder zur Begleitung bei beginnenden Infekten, um diese schnell durchzustehen.

Die Kapuzinerkressetinktur stellst du nach dem Grundrezept zur Herstellung von Tinkturen auf Seite 58 ff. her. Für die Herstellung der Tinktur verwendest du die frischen Blüten und Blätter.

Dosierung: 2 Tropfen/kg, 2–3× täglich – Ich empfehle dir, die Tinktur mit etwas Wasser verdünnt oder mit Honig zu verabreichen, da sie recht scharf und intensiv schmeckt.

Anwendung: Die Kapuzinerkresse-Tinktur bitte nur in kurzen Kuren über fünf bis zehn Tage anwenden.

Gegenanzeigen: Durch immunsteigernde Wirkung sollte die Kapuzinerkresse bei zum Beispiel Schilddrüsenerkrankungen und bei Einnahme von Immunsuppressiva nicht gegeben werden. Nicht anwenden bei Nierenerkrankungen sowie Magen- und Darmgeschwüren.

Tinkturen-Mischungen

Erkältungsstop-Tinktur - wenn der Infekt im Anmarsch ist

Wenn sich bei deinem Hund die ersten Anzeichen eines Infektes zeigen – etwa Mattigkeit, vermehrtes Niesen oder ein beginnender Husten – ist der richtige Zeitpunkt, um das Immunsystem gezielt zu unterstützen. Diese Erkältungsstop-Tinktur kombiniert drei kraftvolle natürliche Helfer, die gemeinsam eine sanfte, aber effektive Hilfe bieten: Holunderblüten, Lindenblüten und Propolis.

Die Erkältungsstop-Tinktur setzt bei ersten Anzeichen eines Infektes an, um Beschwerden zu lindern und die Ausbreitung des Infektes zu verhindern.

Die Holunderblüten *(Sambuci flos)* enthalten reichlich Flavonoide, ätherisches Öl und Triterpene. Sie wirken unter anderem immunstimulierend und unterstützen den Körper dabei, Krankheitserreger über die Schleimhäute auszuscheiden. Lindenblüten *(Tiliae flos)* ergänzen die Holunderblüten ideal. Sie enthalten unter anderem Schleimstoffe, Flavonoide, ätherisches Öl und Gerbstoffe, die ebenfalls immunstimulierend und auch antimikrobiell und antiviral wirken. Propolis schließlich ist das immunaktive Schutzharz der Bienen. Es enthält eine Vielzahl bioaktiver Stoffe, die antibiotisch, immunstimulierend, antiviral, antibakteriell und entzündungshemmend wirken. Also ein echter Schub für das Immunsystem deines Hundes.

Die Erkältungsstop-Tinktur stellst du nach dem Grundrezept zur Herstellung von Tinkturen auf Seite 58 ff. her.

Alle drei Bestandteile verwendest du zu gleichen Teilen. Die frischen oder getrockneten Linden- und Holunderblüten können gemeinsam in 40 % Alkohol angesetzt werden. Propolistinktur wird separat mit mindestens 70 % Alkohol hergestellt und kann in die Mischung später eingeträufelt werden, um eine gleichmäßige Verteilung zu gewährleisten.

Dosierung: je nach Größe des Hundes 2–10 Tropfen 2× täglich

Anwendung: Diese Tinktur ist ideal bei den allerersten Anzeichen eines Infekts und kann auch prophylaktisch in der kälteren Jahreszeit gegeben werden – als Kur über einige Tage zum Beispiel, wenn dein Hund einem erhöhten Infektionsrisiko ausgesetzt war.

Gegenanzeigen: Bei Autoimmunerkrankungen, fortschreitenden Systemerkrankungen, chronischen Viruserkrankungen sowie gleichzeitiger Gabe von Immunsuppressiva darf die Tinktur nicht angewendet werden.

Immunbooster-Tinktur – wenn das Immunsystem deines Hundes Unterstützung braucht

Gerade in Zeiten erhöhter Infektanfälligkeit – etwa beim Wechsel der Jahreszeiten, nach einer Erkrankung oder bei älteren Hunden – lohnt es sich, das Immunsystem deines Hundes gezielt zu unterstützen. Die Immunbooster-Tinktur kombiniert drei kraftvolle Pflanzen für ein starkes Immunsystem: Echinacea, Taigawurzel und Zistrose. Gemeinsam sorgen sie für eine effektive, aber sanfte Immunaktivierung – ohne den Organismus zu überfordern.

Die Inhaltsstoffe der Echinacea fördern die Aktivität von Fresszellen und regen die Immunantwort an. Zistrose *(Cistus)* ist reich an Polyphenolen, ätherischem Öl, Gerbstoffen und Flavonoiden. Sie unterstützt sanft die Abwehrkräfte und wirkt zudem antiviral und antibakteriell. Die Taigawurzel gilt als Adaptogen: Ihre Eleutheroside unterstützen die unspezifische Immunabwehr, fördern Wider-

Wenn das Immunsystem einen Schubs braucht, dann sind Taigawurzel, Echinacea und Zistrose eine perfekte Kräuterkombination.

standskraft und Regeneration in Phasen von Stress, Rekonvaleszenz oder im Alter.

Die Immunbooster-Tinktur stellst du nach dem Grundrezept zur Herstellung von Tinkturen auf Seite 58 ff. her. Dazu verwendest du das frische oder getrocknete Kraut der Echinacea, die getrocknete Taigawurzel und das frische oder getrocknete Kraut der Zistrose zu gleichen Teilen. Ich empfehle dir, die Tinktur entweder in 70 %igem Alkohol anzusetzen, da wir mit der Taigawurzel Wirkstoffe aus einer Wurzel ausziehen. Oder alternativ die Echinacea und die Zistrose in etwa 40 %igem Alkohol und die Taigawurzel in 70 %igem Alkohol und die beiden Tinkturen im Anschluss zu vermischen.

Dosierung: 2 Tropfen/kg KM 3× täglich

Anwendung: Diese Tinktur eignet sich gut für eine kurweise Gabe über fünf bis sieben Tage. Wichtig ist, dass die Immunaktivierung nur sehr kurzzeitig erfolgt, da sie sonst das Gleichgewicht im Immunsystem stören kann.

Gegenanzeigen: Bei Autoimmunerkrankungen, fortschreitenden Systemerkrankungen, chronischen Viruserkrankungen sowie gleichzeitiger Gabe von Immunsuppressiva darf die Tinktur nicht angewendet werden. Bitte nicht anwenden bei Hunden, die unter Bluthochdruck leiden.

Teezubereitungen für das Immunsystem und den Stoffwechsel

Auch Teezubereitungen können wir ganz wunderbar zur Unterstützung des Immunsystems, aber auch für den Stoffwechsel einsetzen. Ich stelle dir hier verschiedene Teemischungen, aber auch Teezubereitungen aus Einzelkräutern vor. Ich verwende hierfür zum Teil Kräuter, über die ich dir in diesem Kapitel bereits ausführliche Informationen bereitgestellt habe, die du dort auch nachlesen kannst.

Die Zubereitung und Anwendung für alle Teezubereitungen lauten wie folgt (außer es ist anders angegeben):

Bitte zerkleinere die Pflanzenteile gut. Werden Früchte, Wurzeln und Samen für Teezubereitungen verwendet, sollten diese gut angestoßen werden. Übergieße sie dann mit etwa 0,25 l siedendem Wasser und lasse den Tee 10 Minuten zugedeckt ziehen. Das Kondenswasser, das sich am Deckel absetzt, solltest du nach der Ziehzeit in den Tee zurückführen. Seihe den Tee dann durch einen Filter ab, um Schwebstoffe herauszufiltern.

Lasse den Tee abkühlen und verabreiche ihn deinem Hund lauwarm.

Teezubereitungen für das Immunsystem

Holunderblütentee – sanfte Unterstützung für das Immunsystem deines Hundes

Die zarten, duftenden Blüten des Schwarzen Holunders *(Sambucus nigra)* sind weit mehr als ein Zeichen des nahenden Sommers. Sie zählen zu den klassischen Pflanzen zur Stärkung der Abwehrkräfte – besonders bei beginnenden Infekten oder als sanfte Immunhilfe für empfindliche oder ältere Hunde. Holunderblüten wirken antioxidativ, immunstimulierend und antiviral – eine wertvolle Kombination, wenn das Immunsystem deines Hundes durch eine Erkältung oder einen Infekt gefordert ist. Außerdem enthalten Holunderblüten die Vitamine A, B und C. Der Tee unterstützt den Körper dabei, Krankheitserreger schneller auszuleiten, Schleimhäute zu beruhigen und den Stoffwechsel sanft zu aktivieren.

Extra-Wissen:

In alten Zeiten galt der Holunder als heiliger Baum – man sagte, in ihm wohne eine Schutzgöttin. Auch heute noch steht er symbolisch für Schutz und Reinigung, was wunderbar zur sanften, unterstützenden Wirkung seiner Blüten passt.

Zutaten:

- 1–2 TL getrocknete Holunderblüten

Dosierung:

- Hunde bis 5 kg 2× täglich 1 TL
- Hunde bis 15 kg 2× täglich 1 EL
- Hunde bis 30 kg 2× täglich 1–2 EL
- Hunde über 30 kg 2× täglich 2–3 EL

Anwendung: Den Tee kannst du in akuten Phasen über wenige Tage anwenden.

Immuntee – sanfte Stärkung für die Abwehr deines Hundes

Wenn das Immunsystem deines Hundes ein wenig Rückenwind braucht – etwa beim Wechsel der Jahreszeiten, in der Rekonvaleszenz, bei einem beginnenden Infekt oder als Teil einer Immunstärkungskur – ist dieser Immuntee eine wohltuende Begleitung. Die Kombination aus Echinacea, Thymian und Lindenblüten wirkt dabei nicht nur immunstimulierend, sondern schützt und pflegt gleichzeitig die empfindlichen Schleimhäute – besonders in den Atemwegen.

Echinacea (Purpursonnenhut) ist bekannt für ihre immunaktivierende Wirkung. Ihre Wirkstoffe mobilisieren die körpereigenen Abwehrkräfte und helfen, Krankheitserreger schneller zu erkennen und zu bekämpfen. Das Thymiankraut unterstützt durch seine antibakteriel-

Diese Teemischung ist Power für das Immunsystem und die Milderung von Symptomen bei Infekten.

le und antivirale Wirkung. Lindenblüten runden mit ihrer immunstimulierenden und antimikrobiellen Wirkung die Teemischung ab und unterstützen die Wirkung der Echinacea.

Zutaten für die Teemischung:

- 20 g (getr. 10 g) Echinaceakraut
- 20 g (getr. 10 g) Thymiankraut
- 10 g (getr. 5 g) Lindenblüten

Zutaten für die Herstellung:

- 1–2 TL der Teemischung

Dosierung:

- Hunde bis 5 kg 1× täglich ½ TL
- Hunde bis 15 kg 1× täglich 1 TL
- Hunde bis 30 kg 1× täglich ½–1 EL
- Hunde über 30 kg 1× täglich 1–2 EL

Anwendung: Dieser Tee eignet sich für eine kurweise Anwendung über fünf bis sieben Tage. Bei akuten Infekten auch begleitend zur tierärztlichen Behandlung.

Gegenanzeigen: Bitte nicht anwenden bei Hunden, die unter Leber-, Nieren- oder Herzerkrankungen leiden. Ebenfalls tabu ist die Teezubereitung bei Trächtigkeit, Schilddrüsenerkrankungen und wenn Immunsuppressiva eingenommen werden sowie Magen- und Darmgeschwüren.

Teezubereitungen zur Stoffwechselaktivierung

Brennnesselblättertee – vitalisierende Unterstützung für den Stoffwechsel deines Hundes

Die Brennnessel *(Urtica dioica)* ist ein echtes Multitalent unter den Pflanzen – und für den Stoffwechsel deines Hundes ein wertvoller Helfer. Ihre Blätter enthalten unter anderem eine Fülle an Mineralstoffen wie Eisen, Kalzium, Silizium und Kalium sowie Vitaminen (A, B, C, E, K), Triterpene, Flavonoide, Carotinoide und Chlorophyll. Diese Zusammensetzung macht sie zu einer idealen Pflanze, um den Körper zu remineralisieren, die Ausleitung über die Nieren anzuregen, Schlacken abzutransportieren und gleichzeitig das Immunsystem zu stärken.

Besonders bei Hunden mit trägem Stoffwechsel, nach Erkrankungen, im Fellwechsel oder als Frühjahrs- oder Herbstkur zur Entgiftung kann ich sie dir sehr empfehlen. Die Brennnessel wirkt mild harntreibend, fördert die Entgiftung und hilft dabei, überschüssige Stoffwechselrückstände auszuleiten. Das kann sich auch positiv auf Haut, Gelenke und Vitalität auswirken. Gleichzeitig wird die Durchblutung angeregt und die Zellregeneration unterstützt – ideal für Hunde, die wieder zu Kräften kommen sollen oder deren Stoffwechsel einfach einen kleinen „Schubs" braucht.

Extra-Wissen:
Die Brennnessel ist nicht nur stoffwechselaktivierend, sondern liefert auch wichtige Bausteine für Blutbildung und Zellstruktur.

Zutaten:
- 1–2 TL frische oder getrocknete Brennnesselblätter

Dosierung: Tee 50–100 ml/10 kg KM 3× täglich

Anwendung: Den Brennnesseltee kannst du als Kur über maximal acht Wochen verabreichen.

Gegenanzeigen: Nicht bei Ödemen infolge eingeschränkter Herz- oder Nierentätigkeit und bei Trächtigkeit.

Löwenzahntee – bringt den Stoffwechsel deines Hundes in Bewegung

Der Löwenzahn *(Taraxacum officinale)* ist weit mehr als ein gewöhnliches Wildkraut. In der Naturheilkunde zählt er zu den wichtigsten stoffwechselanregenden Pflanzen – sowohl für Mensch als auch für Hund. Sein besonderes Plus: Er wirkt gleichzeitig auf Leber, Galle, Niere und Verdauung – eine Kombination, die ihn zu einem idealen Begleiter bei Entgiftungskuren im Frühjahr oder Herbst und zur allgemeinen Vitalisierung macht.

Die enthaltenen Bitterstoffe wie Taraxacin regen die Produktion von Verdauungssäften an, unterstützen die Leberfunktion und fördern die Gallenbildung. Das ist besonders wichtig, wenn der Organismus deines Hundes etwa durch Krankheit oder Medikamente belastet ist. Gleichzeitig wirkt Löwenzahn mild entwässernd – ideal, um die Ausleitung über die Nieren zu fördern. Inulin, ein pflanzlicher Ballaststoff, wirkt präbiotisch und unterstützt so die gesunde Darmflora – ein oft unterschätzter Aspekt beim Thema Stoffwechsel.

Für die Zubereitung des Tees folgst du bitte der Anleitung für Teezubereitungen auf Seite 63.

Zutaten:

- 1–2 TL Löwenzahnblätter

Dosierung: 50–75 ml/10 kg KM 2× täglich

Anwendung: Den Löwenzahntee kannst du als Kur über maximal acht Wochen verabreichen.

Gegenanzeigen: Nicht anwenden bei einem Verschluss der Gallenwege, einem Gallenblasenemphysem oder Darmverschluss. Auch bei Welpen und Junghunden sollte aufgrund der stark entschlackenden Wirkung auf die Gabe verzichtet werden.

Extra-Wissen:

Löwenzahn ist eine der wenigen Pflanzen, die sowohl leber- als auch nierenwirksam sind – er unterstützt also gleich zwei zentrale Entgiftungsorgane deines Hundes auf natürliche Weise. Das macht ihn zu einem echten „Frühjahrsputz-Helfer" für den gesamten Organismus.

Stoffwechseltee – bringt den Organismus deines Hundes in Schwung: Brennnessel, Löwenzahn, Schafgarbe, Goldrute

Ein gut funktionierender Stoffwechsel ist das Fundament für Vitalität, ein gesundes Immunsystem und eine ausgeglichene Verdauung – auch bei Hunden. Der Stoffwechseltee eignet sich hervorragend als Frühjahrs- oder Herbstkur, zur Regeneration nach Medikamentengabe oder einfach, um dem Organismus deines Hundes dabei zu helfen, sich selbst besser zu regulieren – ganz natürlich und sanft unterstützt. Er kombiniert vier bewährte Pflanzen, die in ihrer Wirkung auf den Stoffwechsel fein aufeinander abgestimmt sind: Brennnessel, Löwenzahn, Schafgarbe und Goldrute.

Brennnesselblätter wirken blutreinigend, fördern die Nierentätigkeit und regen die Ausleitung über die Harnwege an. Löwenzahn wirkt leber- und gallenanregend, fördert die Verdauung und unterstützt die Entgiftung über die Leber. Gleichzeitig

Diese Stoffwechselmischung kurbelt sanft den Stoffwechsel an, unterstützt die Entgiftung und die Verdauung.

bringt er den Darm in Bewegung. Schafgarbe ist eine ausgleichende Pflanze, die mit ihren Bitterstoffen, ätherischen Ölen und Gerbstoffen die Verdauung harmonisiert. Goldrute ist eine kraftvolle Nierenpflanze. Sie regt die Durchspülung an, wirkt leicht entwässernd und unterstützt die Ausleitung über die Harnwege. Gleichzeitig bringt sie Wirkstoffe mit, die den Organismus entlasten.

Die Teemischung bereitest du nach der Anleitung für Teezubereitungen auf Seite 63 zu.

Zutaten für die Teemischung:

- 20 g (getr. 10 g) Brennnesselblätter
- 10 g (getr. 5 g) Löwenzahnblätter
- 10 g (getr. 5 g) Schafgarbenkraut
- 10 g (getr. 5 g) Goldrutenkraut

Zutaten für die Zubereitung:

- 1–2 TL der Teemischung

Dosierung: Tee 50–75 ml/10 kg KM 2× täglich

Anwendung: Der Stoffwechseltee kann kurweise über einen Zeitraum von acht Wochen verabreicht werden.

Gegenanzeigen: Nicht bei Ödemen infolge eingeschränkter Herz- oder Nierentätigkeit und beim Verdacht, dass Steine die Harnwege verlegen. Weiterhin nicht anwenden bei Trächtigkeit, einem Verschluss der Gallenwege, einem Gallenblasenemphysem oder Darmverschluss.

Dekokte

Ackerschachtelhalm-Dekokt – natürliche Unterstützung für den Stoffwechsel deines Hundes

Ackerschachtelhalm ist sehr hilfreich, wenn der Stoffwechsel nicht „rundläuft" – sei es etwa in der Rekonvaleszenz oder Belastungen durch Umweltfaktoren. Mit diesem Dekokt bietest du deinem Hund eine sanfte, aber effektive Möglichkeit, den Körper bei der inneren Reinigung zu unterstützen. Ein funktionierender Stoffwechsel ist die Grundlage für Vitalität, gesunde Haut und ein starkes Immunsystem – und genau hier setzt das Ackerschachtelhalm-Dekokt an.

Der Ackerschachtelhalm *(Equisetum arvense)* ist reich an zum Beispiel Kieselsäure, Flavonoiden und weiteren Mineralstoffen, die den Körper deines Hundes sanft entlasten und bei der Ausleitung von Stoffwechselrückständen über die Nieren helfen. Die harntreibende Wirkung des Ackerschachtelhalms fördert die Durchspülung der Harnwege und hilft dem Organismus, überschüssige Abfallstoffe effizient auszuscheiden. Das ist besonders hilfreich bei Hunden, deren Stoffwechsel aus dem Gleichgewicht geraten ist – etwa nach Medikamentengabe, in Phasen der Rekonvaleszenz oder bei Hautproblemen, die mit inneren Belastungen zusammenhängen. Die im Dekokt gelöste Kieselsäure unterstützt zusätzlich die Stabilität von Haut, Bindegewebe und Schleimhäuten. So wirkt das Dekokt nicht nur entlastend, sondern auch aufbauend. Da Kieselsäure schlecht wasserlöslich ist, wird Ackerschachtelhalm als Dekokt zubereitet.

Für die Herstellung des Dekoktes folge bitte der Anleitung auf Seite 64.

Zutaten:
- frische oder getrocknete obere Triebe

Dosierung: 25–50 ml/10 kg KM 3× täglich

Anwendung: Das Dekokt kann kurweise über maximal sechs Wochen verabreicht werden.

Gegenanzeigen: Bitte nicht anwenden bei Ödemen aufgrund von Herz- oder Niereninsuffizienz sowie bei Harnverhalt und großen Harnsteinen.

Oxymele

Wasserdost-Oxymel – sanfte Immunstärkung und Stoffwechselaktivierung

Wasserdost *(Eupatorium perfoliatum)* ist eine klassische Pflanze der Immunaktivierung. Seine Wirkweise und wichtige Inhaltsstoffe hast du auf Seite 118 bereits kennengelernt.

Auch in einem Oxymel verarbeitet, fördert er die Aktivität des lymphatischen Systems, regt die Abwehrzellen an und unterstützt die Ausleitung über Leber und Niere. Gerade bei Hunden mit trägem Stoffwechsel oder Infektanfälligkeit kann der Wasserdost helfen, den Organismus wieder in Balance zu bringen. In der Kombination mit Honig – der nicht nur süß schmeckt, sondern durch seine wertvollen Inhaltsstoffe ebenfalls keimhemmend wirkt – entsteht ein schmackhaftes Tonikum, das auch bei mäkeligen Hunden gut angenommen wird. Der Apfelessig sorgt dafür, dass die Wirkstoffe des Wasserdosts gut extrahiert werden und gleichzeitig die Verdauung sowie der Säure-Basen-Haushalt reguliert werden.

Für die Herstellung des Oxymel folge bitte der Anleitung zum Erkältungs-Oxymel auf Seite 82.

Dosierung:
- kleine Hunde etwa ½ TL 1× täglich
- mittlere Hunde etwa 1 TL 1× täglich
- große Hunde etwa 1 EL 1× täglich

Anwendung: Das Oxymel kann pur oder in etwas Wasser aufgelöst über das Futter gegeben werden. Es eignet sich besonders für eine kurweise Gabe über 5 Tage – etwa im Frühling oder Herbst oder als unterstützende Maßnahme in der Rekonvaleszenz.

Gegenanzeigen: Bei Autoimmunerkrankungen, fortschreitenden Systemerkrankungen, chronischen Viruserkrankungen sowie gleichzeitiger Gabe von Immunsuppressiva darf das Oxymel nicht verabreicht werden.

Rezepturen zur Unterstützung für unsere Hundesenioren

Die Lebenserwartung unserer Hunde ist in den letzten Jahren erfreulicherweise stetig gestiegen. Häufig wird das „Altsein“ bei unseren Hunden jedoch „statisch“ betrachtet und viele Veränderungen des Körpers hingenommen. Er ist halt alt. Das Altern unserer Hunde ist jedoch ein Teil ihres Lebens – eine Lebensphase – und darf entsprechend begleitet und unterstützt werden. Der Verlauf des Alterungsprozesses hängt von verschiedenen Faktoren wie etwa der Genetik ab, aber auch von der Konstitution und den Lebensumständen des Hundes. Vieles liegt also ein ganzes Hundeleben lang in unserer Hand. In jedem Fall gilt es, unsere Hundesenioren aufmerksam zu beobachten und frühzeitig – gern auch präventiv – zu unterstützen, um Erkrankungen möglichst frühzeitig zu erkennen, zu behandeln und chronische Verläufe zu verhindern oder abzumildern.

Es ist nicht ungewöhnlich, dass, wenn unsere Hunde älter werden, dies auch die ein oder anderen gesundheitlichen Beschwerden mit sich bringt. Die Körperfunktionen lassen sukzessive nach. Der Bewegungsapparat bereitet vielleicht Probleme und die Gelenke oder der Rücken zwacken, der Stoffwechsel verändert sich, das Herz wird schwächer, oft lässt auch die Nierenfunktion nach, das Immunsystem wird schwächer und auch Demenz (Canine Cognitive Dysfunktion) ist keine Seltenheit. Auch Tumorerkrankungen können im Alter häufiger auftreten. Die Herausforderung ist häufig, dass mehrere gesundheitliche Probleme zugleich „gemanagt“ werden müssen. Das lässt uns schnell hilflos werden, wie man denn all das begleiten soll, ohne den Organismus zu überfrachten.

Wie können wir Seniorhunde natürlich unterstützen?

Grundsätzlich es ist sinnvoll, unsere Hunde ganzheitlich zu unterstützen und sanft zu begleiten. Lebensqualität und Schmerzfreiheit stehen ganz klar im Fokus. Wir können zwar die Zeit nicht zurückdrehen, aber die Lebensphase so angenehm wie möglich gestalten und aktiv auf den Verlauf des Alterungsprozesses und auch Erkrankungen einwirken. Kräuter bieten uns eine wunderbare Möglichkeit, da wir hier vielfach von einer Wirkung auf gleich mehrere Körperbereiche profitieren. So können wir die Herzfunktion erhalten und stärken, genauso wie die Nierenfunktion, die Durchblutung des gesamten Körpers, der Organe, aber auch des Gehirns fördern, den Stoffwechsel unterstützen und antioxidativ einwirken, den Bewegungsapparat unterstützen, indem wir Schmerzen lindern und die Strukturen nähren, den Appetit anregen, das Immunsystem anregen und modulieren oder auch bei Unruhe und Verwirrtheit durch Demenz unterstützen.

Einzeltinkturen

Weißdorntinktur - für ein starkes Herz im Alter

Der Weißdorn ist ein dorniger Strauch aus der Familie der Rosengewächse, der in Europa, Asien und Nordamerika heimisch ist. In der Pflanzenheilkunde werden die Blätter, Blüten und die Früchte verwendet. Weißdorn gilt seit Jahrhunderten als das Herzmittel der Naturheilkunde und ist heute auch wissenschaftlich gut erforscht. Er wird besonders geschätzt zur Stärkung des alternden Herzens (altersbedingte nachlassende Herzleistung), Herzschwäche und zur Unterstützung der Herzfunktion bei leichter Herzinsuffizienz. Aber auch bei Herz-Kreislauf-Beschwerden, Durchblutungsstörungen, nervösen Herzbeschwerden sowie bei Nervosität und Ängsten findet er Anwendung.

Seine Wirkung auf das Herz entfaltet Weißdorn durch eine besondere Kombination aus Flavonoiden, Procyanidinen und weiteren pflanzlichen Wirkstoffen, die die Durchblutung des Herzmuskels fördern, die Herzkranzgefäße erweitern und die Kontraktionskraft des Herzens verbessern. Dadurch kann das Herz effizienter arbeiten, ohne stärker belastet zu werden. Zusätzlich wirkt Weißdorn mild blutdruckregulierend und antioxidativ, was die Zellen vor oxidativem Stress

Mit dem Weißdorn kann man das Herz des älter werdenden Hundes auch präventiv und vor allem dauerhaft unterstützen.

schützt und die Gefäßgesundheit unterstützt. Die pflanzlichen Inhaltsstoffe stabilisieren das Herz-Kreislauf-System auf sanfte Weise. Der Herzrhythmus wird sanft reguliert.

Übrigens empfiehlt es sich, bei älter werdenden Hunden bereits vor dem Vorliegen einer Herzerkrankung oder Herzschwäche mit der Gabe des Weißdorns zu beginnen. Zudem gehört er zu den wenigen Pflanzen, die dauerhaft gegeben werden können. Seine volle regulatorische Wirkung setzt nach etwa sechs Wochen ein.

Die Weißdorntinktur stellst du nach dem Grundrezept zur Herstellung von Tinkturen auf Seite 58 ff. her. Für die Herstellung der Tinktur eignen sich sowohl Blätter und Blüten als auch die Früchte. Besonderheit: Beim Ansetzen der Tinktur aus Blättern und Blüten empfiehlt sich ein Ansatzverhältnis von 1:2 oder 1:3 statt wie in der Grundrezeptur 1:5. Wählst du die Früchte für die Tinktur, dann wählst du das klassische Ansatzverhältnis von 1:5.

Dosierung Tinktur aus Blättern und Blüten: 0,5–1,5 ml/10 kg Körpergewicht/Tag 3× täglich

Dosierung Tinktur aus Früchten:
4 Tropfen/kg KM 2× täglich

Lavendeltinktur – Entspannung bei Nervosität und Unruhe

Lavendel stammt ursprünglich aus dem Mittelmeerraum und gehört zur Familie der Lippenblütler. Er wird für seine beruhigenden, entspannenden und ausgleichenden Eigenschaften geschätzt. Auch bei Hunden findet Lavendel Anwendung, wenn es darum geht, innere Unruhe, (altersbedingten) Stress oder beginnende kognitive Veränderungen sanft zu begleiten.

Bei älteren Hunden wirkt Lavendel durch eine Vielzahl aktiver Inhaltsstoffe, allen voran das ätherische Öl, das reich an Linalool und Linalylacetat ist. Diese beiden Hauptwirkstoffe beeinflussen das Nervensystem auf natürliche Weise beruhigend und fördern emotionale Ausgeglichenheit, ohne zu sedieren. Zudem enthält Lavendel unter anderem Flavonoide, Gerbstoffe und Cumarin. Lavendel kann bei älteren Hunden helfen, nervöse (nächtliche) Unruhe, Ein- und Durchschlafprobleme, ängstliches Verhalten oder Anzeichen von Desorientierung zu lindern – Symptome, die im Alter häufiger zum Beispiel bei einer Demenz auftreten.

Zubereitung: Die Lavendeltinktur stellst du nach dem Grundrezept zur Herstellung von Tinkturen auf Seite 58 ff. her. Für die Herstellung der Tinktur verwendest du frische oder getrocknete Blüten.

Dosierung: 0,5–1 ml/10 kg KM auf mehrere Gaben verteilen

Anwendung: Kurweise Gabe über maximal sechs bis acht Wochen.

Zitronenmelissentinktur – sanfte Hilfe fürs Herz und bei Ruhelosigkeit

Die Melisse *(Melissa officinalis)*, auch als Zitronenmelisse bekannt, wird seit der Antike wegen ihrer beruhigenden, krampflösenden und nervenstärkenden Wirkung geschätzt. Ursprünglich im Mittelmeerraum beheimatet, findet sie heute sowohl in der Human- als auch in der Tiermedizin breite Anwendung. In der Begleitung älterer Hunde wird Melisse besonders dann eingesetzt, wenn innere Unruhe, altersbedingte Nervosität, stressbedingte Symptome oder beginnende Herz-Kreislauf-Schwächen auftreten.

Melisse wirkt sich nicht nur positiv auf die Herzfunktion aus, sondern kann auch bei Symptomen der Demenz wie etwa Unruhe eingesetzt werden.

Bei älteren Hunden entfaltet die Melisse ihre Wirkung vor allem durch eine Kombination aus ätherischem Öl (wie Citral und Citronellal), Flavonoiden, Triterpenen, Gerbstoffen und der entzündungshemmenden Rosmarinsäure. Diese Inhaltsstoffe wirken auf sanfte Weise beruhigend, entkrampfend, antioxidativ und helfen dabei, das vegetative Nervensystem zu harmonisieren – ein wichtiger Aspekt bei älteren Tieren, die empfindlicher auf Stressreize oder Veränderungen im Alltag reagieren. Zudem kann Melisse die Herzfunktion positiv beeinflussen und das Herz-Kreislauf-System stabilisieren. Auch bei altersbedingten Schlafstörungen oder innerer Unruhe und Ruhelosigkeit, beispielsweise durch Canine Cognitive Dysfunktion, wirkt sie ausgleichend, ohne den Hund zu sedieren. Die Melisse eignet sich daher hervorragend zur Unterstützung der Lebensqualität älterer Hunde, auch in Phasen der Umstellung oder bei emotionaler Überforderung. Übrigens wirkt sie auch appetitanregend, was bei kleinen Mäkelessern sehr hilfreich sein kann.

Zubereitung: Die Melissentinktur stellst du nach dem Grundrezept zur Herstellung von Tinkturen auf Seite 58 ff. her. Für die Herstellung der Tinktur kannst du Blätter, entweder frisch oder getrocknet, verwenden. Getrocknet verlieren die Blätter allerdings schnell ihr ätherisches Öl. Wenn du die Blätter selbst erntest, dann solltest du dies vor der Blüte tun, da sie sonst unangenehm riechen und schmecken.

Dosierung: 4 Tropfen/kg KM 3× täglich

Anwendung: Kurweise Gabe über maximal acht Wochen

Baldriantinktur – innere Balance und Ausgeglichenheit

Baldrian *(Valeriana officinalis)* ist für seine beruhigende, angstlösende und entspannende Wirkung auf das Nervensystem bekannt. Genutzt wird die Wurzel, die durch ihren charakteristischen Geruch auffällt. Bei unseren Hunden findet Baldrian vor allem bei nervösen, angespannten oder unruhigen Hunden Anwendung – auch im Alter, wenn Stressanfälligkeit oder altersbedingte Unruhe zunehmen.

Bei älteren Hunden kann Baldrian eine wertvolle Unterstützung bieten, wenn erhöhte Nervosität, Reizbarkeit, Schwierigkeiten beim Ein- und Durchschlafen, Ruhelosigkeit, beispielsweise durch die Canine Cognitive Dysfunktion, auftreten. Die beruhigende Wirkung resultiert vor allem aus Valerenal, Valerenol, Borneol und weiteren ätherischen Ölen sowie auch Valepotriaten und Lignanen. Diese Inhaltsstoffe wirken auf das zentrale Nervensystem mild beruhigend, spannungslösend und angstlösend, ohne zu sedieren oder ihre Wachheit stark zu beeinträchtigen. Gerade bei Hunden im fortgeschrittenen Alter kann Baldrian helfen, eine innere Balance wiederzufinden und Stressreaktionen sanft abzufangen. Darüber hinaus zeigt Baldrian auch muskelentspannende Effekte.

Zubereitung: Die Baldriantinktur stellst du nach dem Grundrezept zur Herstellung von Tinkturen auf Seite 58 ff. her. Für die Herstellung der Tinktur verwendest du die frische oder getrocknete Wurzel. Bitte beachte, dass du hier möglichst einen 70%igen Alkohol verwendest, damit sich die Wirkstoffe aus der Wurzel lösen und in den Alkohol übergehen.

Dosierung: 10 Tropfen/10 kg KM 3× täglich

Wichtig: Die Anwendung sollte auf 2–3 Wochen beschränkt werden, kann aber kurweise wiederholt werden. Baldrian kann die Narkosewirkung verstärken!

Taigawurzeltinktur – Tonikum für Körper und Köpfchen

Die Taigawurzel *(Eleutherococcus senticosus)*, auch Sibirischer Ginseng genannt, ist eine kräftigende Pflanze aus der traditionellen russischen und chinesischen Medizin. Sie gehört zur Familie der Araliengewächse und wird vor allem wegen ihrer adaptogenen Eigenschaften geschätzt. Sie verbessert die geistige und körperliche Leistungsfähigkeit, hilft bei Stress, Schwäche, Erschöpfung und Müdigkeit sowie während der Rekonvaleszenz. Zudem werden die Immunabwehr gestärkt und der Appetit angeregt.

Bei älteren Hunden wird die Taigawurzel zur sanften Kräftigung und Stabilisierung des Organismus eingesetzt. Ihre Wirkung beruht auf einer Vielzahl adaptogener Inhaltsstoffe, insbesondere den sogenannten Eleutherosiden, ergänzt durch unter anderem Phenolcarbonsäuren und Polysaccharide. Diese Wirkstoffe verbessern die körperliche Ausdauer und geistige Leistungsfähigkeit, unterstützen den Körper als Tonikum bei Schwäche und in der Rekonvaleszenz, fördern die Stressresistenz und stärken das Immunsystem. Anders als aufputschende Mittel wirkt Taigawurzel nicht reizend, sondern regulierend und ausgleichend. Besonders hilfreich ist sie bei nachlassender Leistungsfähigkeit, körperlich und kognitiv, wie etwa bei Demenz, Schwächezuständen nach Krankheit oder wenn ältere Hunde antriebslos wirken.

Die Taigawurzel kann bei älteren Hunden vielfältig unterstützen. Sei es fürs Gehirn, den Appetit und zur allgemeinen Stärkung.

Zubereitung: Die Taigawurzeltinktur stellst du nach dem Grundrezept zur Herstellung von Tinkturen auf Seite 58 ff. her. Für die Herstellung der Tinktur verwendest du die getrocknete Wurzel. Sinnvoll ist hier, dass du möglichst 70 %igen Alkohol nutzt, damit sich die Pflanzeninhaltsstoffe aus der Wurzel lösen.

Dosierung: 2 Tropfen/kg KM 3× täglich

Anwendung: Kurweise Gabe über acht Wochen

Gegenanzeigen: Bluthochdruck

Tinkturmischungen

Seniortinktur – ein starker Organismus auch im Alter

Diese fein abgestimmte Kräuterkombination vereint vier Pflanzen, die sich ideal ergänzen, um ältere Hunde ganzheitlich zu unterstützen. Die Tinktur zielt darauf ab, die Gedächtnisfunktion, Konzentration und allgemeine Leistungsfähigkeit des Gehirns zu fördern.

Taigawurzel wirkt stark adaptogen und hilft älteren Hunden dabei, geistig wach zu bleiben und beginnender kognitiver und körperlicher Schwäche entgegenzuwirken. Melisse, reich an ätherischen Ölen, Flavonoiden und Rosmarinsäure, wirkt zusätzlich beruhigend, nervenausgleichend und entzündungshemmend. Sie hilft, innere Unruhe und nervös bedingte Herzsymptome zu mildern, ohne den Hund zu sedieren. Rosmarin ergänzt die Mischung mit seiner durchblutungsfördernden und kreislaufstärkenden Wirkung – seine Wirkstoffe können die Durchblutung im Gehirn verbessern, was besonders bei älteren Hunden mit nachlassender kognitiver Funktion unterstützend wirkt. Tulsi, auch als heiliges Basilikum bekannt, bringt eine sanft adaptogene, schützende und ausgleichende Wirkung mit ein. Seine bioaktiven Verbindungen wie Eugenol, Flavonoide und Gerbstoffe wirken antioxidativ, entzündungsregulierend und stärken die körpereigene Stressresistenz. In Kombination ergibt sich eine harmonisierend wirkende Tinktur, die älteren Hunden hilft, geistig und körperlich vital und ausgeglichen zu bleiben und ihre Lebensqualität auf sanfte Weise zu erhalten oder zu verbessern.

Die Seniortinktur stellst du nach dem Grundrezept zur Herstellung von Tinkturen auf Seite 58 ff. her. Da wir in dieser Tinktur Wurzeln ausziehen, ist es wichtig, dass du möglichst 70 %igen Alkohol verwendest. Alternativ kannst du die beiden Wurzeldrogen nach Möglichkeit in 70 %igem Alkohol ausziehen, die beiden Blatt- und Blütendrogen in

30–40 %igem Alkohol und dann die beiden Mischungen zu einer Tinktur zusammenmischen.

Für die Herstellung der Tinktur verwendest du:

- 20 g (getr. 10 g) Melissenblätter
- 15 g getr. Taigawurzel
- 10 g (getr. 5 g) Rosmarinblätter
- 5 g getr. Tulsi-Kraut

Dosierung: 2 Tropfen/kg KM 2–3× täglich

Anwendung: Kurweise Gabe über acht Wochen

Gegenanzeigen: Bluthochdruck

Wenn Hunde älter werden, schwächelt das Nervensystem, sie können auch dünnhäutiger sein und die Gehirnfunktion lässt nach. Diese Kräuterkombi bietet eine umfassende Unterstützung für Gehirn und Nerven.

Nerventinktur – Resilienz und gute Nervenfunktion für graue Schnauzen

In der Nerventinktur habe ich dir verschiedene Kräuter zusammengestellt, die vielseitig das Nervensystem älterer Hunde unterstützen. So hilft sie Hunden, die sensibel auf Reize reagieren, unter nervöser Unruhe (auch nachts) leiden oder in Alltagssituationen schnell aus dem Gleichgewicht geraten. Genauso wird aber auch die Gehirnfunktion unterstützt. Die Kombination aus beruhigenden und stärkenden Pflanzenstoffen unterstützt das Nervensystem sanft, aber effektiv – ohne den Hund zu sedieren oder zu beeinträchtigen.

Johanniskraut stabilisiert sanft das „Nervenkostüm": Es hilft, Botenstoffe im Gehirn im Gleichgewicht zu halten, wodurch eine gute Stimmung, Stressverarbeitung, Antrieb und Schlafqualität unterstützt werden. Gleichzeitig wirkt es wie ein leichter „Rostschutz" fürs Gehirn – entzündungshemmend und antioxidativ, was die Nervenzellen schützt und deren Vernetzung fördert.

Taigawurzel wirkt als kraftvolles Adaptogen: Ihre Eleutheroside helfen dem Körper, besser mit Stress umzugehen, stärken die geistige Ausdauer und fördern die Balance zwischen Anspannung und Erholung.

Melisse ergänzt diesen Effekt mit ihren milden, nervenstärkenden Wirkstoffen, die nicht nur beruhigend, sondern auch entzündungshemmend und antioxidativ wirken. Wichtig für das Gehirn und die Nerven.

Lavendel bringt eine sanfte, beruhigende Komponente in die Mischung und unterstützt die emotionale Stabilität. In dieser Kombination wirkt die Tinktur regulierend auf das Nervensystem, stärkt die Resilienz älterer Hunde im Alltag und unterstützt sie dabei, gelassener, ruhiger und innerlich gefestigt zu bleiben.

Die Nerventinktur stellst du nach dem Grundrezept zur Herstellung von Tinkturen auf Seite 58 ff. her. Da wir in dieser Tinktur Wurzeln ausziehen, ist es sinnvoll, dass du nach Möglichkeit 70 %igen Alkohol verwendest. Alternativ kannst du die beiden Wurzeldrogen in 70 %igem Alkohol ausziehen, die beiden Blatt- und Blütendrogen in 30–40 %igem Alkohol und dann die beiden Mischungen zu einer Tinktur zusammenmischen.

Für die Herstellung der Tinktur verwendest du:

- 20 g (ca. 10 g getr.) Johanniskraut
- 15 g getr. Taigawurzel
- 10 g (getr. 5 g) Melissenblätter
- 10 g (getr. 5 g) Lavendelblüten

Dosierung: 2 Tropfen/kg KM 3x täglich

Anwendung: Kurweise Gabe über acht Wochen

Gegenanzeigen: Johanniskraut aktiviert ein Leberenzym, welches bestimmte Medikamente schneller verstoffwechselt. Daher nicht gleichzeitig mit Immunsuppressiva, Chemotherapeutika, Protonenpumpenhemmern, Antimykotika, Antibiotika oder Neuroleptika geben.

Weitere Kontraindikation: Bluthochdruck

Hinweis: Das Hypericin im Johanniskraut kann die Lichtempfindlichkeit erhöhen.

Gute-Nacht- und Entspannungstinktur

Die Kräuter der „Gute-Nacht- und Entspannungstinktur“ eignen sich sehr gut für ältere Hunde, die (abends) schwer zur Ruhe finden oder unter nächtlicher Unruhe leiden. Insbesondere bei Caniner kognitiver Dysfunktion haben Hundesenioren oft damit zu kämpfen. Die sorgfältig aufeinander abgestimmten Pflanzen wirken gemeinsam beruhigend, ausgleichend und schlaffördernd – ohne zu sedieren oder den natürlichen Rhythmus zu stören.

Hopfen, mit seinen beruhigenden Bitterstoffen wie Humulon und Lupulon, entfaltet in dieser Mischung eine entspannende Wirkung auf das zentrale Nervensystem und kann nervöse Anspannung deutlich abmildern. In Kombination mit Baldrian entsteht eine tiefgreifende Ruhewirkung, die vor allem Hunden mit Unruhe oder nächtlichem Herumwandern zugutekommt. Melisse verstärkt diese Wirkung durch ihre harmonisierenden Effekte auf Herz, Nerven und Verdauung – besonders wertvoll auch bei nervös bedingten Magenbeschwerden. Lavendel rundet die Rezeptur sanft ab: Er wirkt ausgleichend und stabilisiert das emotionale Gleichgewicht älterer Hunde. Gemeinsam fördern diese Pflanzen einen ruhigen Übergang in die Nacht, mindern altersbedingte nächtliche Unruhe und unterstützen einen erholsamen Schlaf – sanft, pflanzlich und gut verträglich.

Die Gute-Nacht- & Entspannungstinktur stellst du nach dem Grundrezept zur Herstellung von Tinkturen auf Seite 58 ff. her. Da wir mit dem Baldrian eine Wurzeldroge verarbeiten, ist es sinnvoll, dass du hier, falls möglich, 70 %igen Alkohol verwendest. Du setzt entweder alle vier Pflanzen darin an oder die Baldrianwurzel getrennt und mischst dann die beiden Tinkturen zusammen.

Für die Herstellung der Tinktur verwendest du:

- 15 g getr. Hopfenzapfen
- 10 g getr. Baldrianwurzel
- 10 g (getr. 5 g) Melissenblätter
- 10 g (getr. 5 g) Lavendelblüten

Dosierung: 2 Tropfen/kg KM 3x täglich

Anwendung: Kurweise Gabe über zwei bis drei Wochen. Dann ein bis zwei Wochen Pause, bevor man die nächste Gabe beginnt.

Hinweis: Baldrian kann die Narkosewirkung verstärken!

Teezubereitungen für Hundesenioren

Entspannungstee – gegen nächtliche Unruhe bei Demenz

Die Kräutermischung des Entspannungstees für ältere Hunde hilft bei (nächtlicher) Unruhe und bei Schwierigkeiten, zur Ruhe zu kommen. So wie es bei einer Caninen kognitiven Dysfunktion häufig der Fall ist. Aber auch, wenn (Senior-)Hunde schnell gestresst reagieren und bei Nervosität. Die harmonische Kombination aus vier bewährten Pflanzen wirkt entspannend auf Körper und Geist, ohne müde zu machen.

Johanniskraut *(Hypericum perforatum)* enthält unter anderem Hypericin und Hyperforin sowie Flavonoide und Gerbstoffe und unterstützt die Nervenfunktion, wirkt gegen nervöse Unruhe, wirkt leistungs- und herzkraftstärkend und stimmungsaufhellend.

Lavendel unterstützt durch seine entspannenden ätherischen Komponenten, die nachweislich angstlösend und ausgleichend wirken. Die Passionsblume, reich an Flavonoiden, Polysacchariden und Aminosäuren, bringt eine zusätzliche

Nächtliche Unruhe und Nervosität bedeuten Stress für den Hund, den man unbedingt ernst nehmen sollte. Ein wohltuender Tee – abgekühlt – bietet hier gute Unterstützung.

nervenberuhigende Komponente ein. Sie wirkt sanft angstlösend, stressdämpfend und harmonisierend auf das vegetative Nervensystem – ohne Schläfrigkeit zu verursachen. Melisse rundet die Mischung mit pflanzlichen Wirkstoffen ab, die beruhigend und antioxidativ wirken und dabei helfen, das vegetative Nervensystem zu harmonisieren. Gemeinsam unterstützen diese Pflanzen ältere Hunde dabei, leichter abzuschalten und gelassener mit äußeren Reizen umzugehen – sei es abends vor dem Schlafen, um besser durchzuschlafen, oder auch tagsüber, um für Entspannung zu sorgen.

Zutaten für die Teemischung:

- 20 g (getr. 10 g) Johanniskraut
- 20 g (getr. 10 g) Lavendelblüten
- 10 g (getr. 5 g) Passionsblumenkraut
- 10 g (getr. 5 g) Melissenblätter

Zutaten für die Herstellung:

- 1–2 TL der Mischung

Dosierung: 50–75 ml/10 kg KM 2–3x täglich

Anwendung: Kurweise Gabe über acht Wochen

Gegenanzeigen: Johanniskraut aktiviert ein Leberenzym, welches bestimmte Medikamente schneller verstoffwechselt. Daher nicht gleichzeitig mit Immunsuppressiva, Chemotherapeutika, Protonenpumpenhemmern, Antimykotika, Antibiotika oder Neuroleptika geben.

Hinweis: Das Hypericin im Johanniskraut kann die Lichtempfindlichkeit erhöhen.

Du kannst natürlich auch beispielsweise die Passionsblume, genauso wie Melisse, Johanniskraut oder Lavendel als Einzeltees verabreichen, wenn du nicht alle Kräuter zu Hause hast. Hierzu nimmst du dann 1–2 TL der jeweiligen Pflanze und stellst mit 250 ml Wasser einen Tee her.

Dosierung für Melissentee:
25–50 ml/5 kg KM 2x täglich

Dosierung für Passionsblumentee:
50–100 ml/10 kg KM täglich

Dosierung für Lavendeltee:
50–100 ml/10 kg KM 3x täglich

Dosierung für Johanniskrauttee:
50–100 ml/10 kg KM 3x täglich

Oxymel

Auch in einem Oxymel lassen sich Kräuter hervorragend verarbeiten, und so können wir für unsere Hundesenioren – aber auch bei jedem anderen Hund, der zu Nervosität oder Unruhe neigt – passende Kräuterwirkstoffe in der Honig-Essig-Grundlage des Oxymel auslösen.

Relax Oxymel – bei Nervosität und Unruhe: Baldrian, Lavendel, Passionsblume

Die ausgewogene Kombination aus Baldrian, Lavendel und Passionsblume im Relax Oxymel unterstützt das Nervensystem auf natürliche Weise – ohne zu sedieren oder den Alltag deines Hundes einzuschränken.

Baldrian bringt mit seinen Wirkstoffen eine ausgleichende Wirkung auf das zentrale Nervensystem mit. Er hilft älteren Hunden dabei, innere Unruhe zu mindern und besser mit stressreichen Situationen umzugehen. Lavendel, bekannt für seine harmonisierende Wirkung, ergänzt die Mischung mit Inhaltsstoffen, die angstlösend, entspannend und stimmungsstabilisierend wirken. Passionsblume schließlich verstärkt die nervenberuhigende Wirkung durch ihre Inhaltsstoffe, die auf das vegetative Nervensystem wirken und dabei helfen, innere Anspannung zu lösen, ohne die natürliche Wachheit zu dämpfen. Gemeinsam entfalten diese drei Pflanzen in der Kombination mit Honig und Apfelessig eine sanfte, aber spürbare Wirkung: Sie unterstützen bei der abendlichen Ruhefindung und helfen älteren Hunden dabei, wieder mehr Gelassenheit im Alltag zu entwickeln.

Zutaten:

- 3 Teile Honig
- 1 Teil Apfelessig
- 1 EL Baldrianwurzel
- 1 EL Lavendelblüten
- 1 EL Passionsblumenkraut

zu gleichen Teilen

Die Herstellung: Zur Herstellung werden die getrockneten oder frischen Pflanzenteile zunächst gut zerkleinert. Gib sie dann in ein weithalsiges Glas. Übergieße die Pflanzenteile nun mit einem Mischverhältnis von etwa 1 Teil Essig (z. B. Apfelessig) und 3 Teilen Honig. Die Mischung sollte gut durchgerührt und luftdicht verschlossen etwa 7–14 Tage an einem dunklen und kühlen Ort ziehen können. Dabei sollte sie regelmäßig umgerührt oder geschüttelt werden. Anschließend kann das Oxymel durch ein feines Sieb abgeseiht und in eine dunkle Flasche umgefüllt werden.

Ich empfehle dir, das Oxymel kühl zu lagern. Ungeöffnet ist es im Kühlschrank 6–12 Monate haltbar. Nach dem Öffnen empfehle ich, es innerhalb von drei Monaten zu verbrauchen.

Dosierung: Je nach Größe des Hundes ca. 1 TL bei kleinen Hunden bis 1 EL bei großen Hunden.

Anwendung: Kurweise Gabe über etwa drei Wochen

Da bei unseren Hundesenioren eben viele verschiedene Erkrankungen auftauchen können, wie beispielsweise

- Erkrankungen des Bewegungsapparates ab Seite 146 ff.,
- Harnwegs- und Nierenerkrankungen ab Seite 83 ff.,
- Erkrankungen des Verdauungstraktes ab Seite 99 ff.,
- Immunschwäche und Stoffwechselprobleme ab Seite 116 ff.,
- Liegeschwielen und Hautproblematiken ab Seite 171 ff.,

und vieles mehr, schaue gern auch in den einzelnen Kapiteln nach, womit du deinen Hundesenior noch seinen Bedürfnissen entsprechend unterstützen kannst.

Rezepturen zur Unterstützung des Bewegungsapparates

Mobilität ist für unsere Hunde unverzichtbar. Bewegung bedeutet für sie nicht nur Fortbewegung, sondern spielt auch in der Kommunikation eine große Rolle. Häufig jedoch sind Hunde im Verlaufe ihres Lebens von Erkrankungen des Bewegungsapparates betroffen, die ausgesprochen vielfältig sein können. Das geht von der klassischen Arthrose oder Hüftdysplasie, Gelenkentzündungen, Spondylosen und Bandscheibenvorfällen, neurologischen Erkrankungen, Band- und Sehnenerkrankungen, Zerrungen, Prellungen, Frakturen bis hin zu muskulären Beschwerden – um nur einige zu nennen.

Was sie alle eint, ist, dass sie häufig Schmerzen, Bewegungseinschränkungen, oft auch entzündliche Prozesse mit sich bringen. Vielfach nehmen sie auch einen chronischen Verlauf, sprich, eine dauerhafte Begleitung und Unterstützung unserer Hunde ist hier unverzichtbar.

Wichtig ist an oberster Stelle die Schmerzlinderung, der Erhalt und die Förderung der Mobilität. Ein entsprechendes Schmerzmanagement gilt es immer individuell zu gestalten.

Erfreulicherweise bietet uns die Natur ein großes Portfolio an Pflanzen, die Schmerzen lindern und oft auch zugleich entzündliche Prozesse mindern, genauso wie es viele Pflanzen gibt, die die Strukturen des Bewegungsapparates nähren.

Auf welche Pflanzen man hier zurückgreift, ist immer auch abhängig davon, ob es sich um einen akuten Schmerz, eine akute Verletzung handelt oder eben um eine chronisch-degenerative (fortschreitende) Erkrankung des Bewegungsapparates und damit verbundene Schmerzen und die Notwendigkeit, Strukturen des Bewegungsapparates wie Knorpel, Bandscheiben oder Sehnen zu nähren und in ihrer Funktion zu unterstützen.

Hierbei geht es nicht darum, synthetische Schmerzmittel abzulehnen, vielmehr eine Anregung, möglichst natürlich zu unterstützen, um die Gabe möglichst gering zu halten. Auch eine Kombination aus natürlicher Unterstützung und einem synthetischen Schmerzmittel ist durchaus denkbar.

Was können wir mit Kräutern bei Erkrankungen des Bewegungsapparates erreichen:

Wir können die Durchblutung fördern und so Schmerz- und Entzündungsstoffe abtransportieren – Schmerzen und Entzündungen werden gelindert, die Mobilität gefördert. Je nach Bedarf können wir kühlend und abschwellend oder erwärmend einwirken. Wir können bei akuten Geschehen die Heilung fördern und lokal das Immunsystem stimulieren. Weiterhin können wir die Strukturen des Bewegungsapparates nähren und somit das Fortschreiten von Erkrankungen verzögern und die Mobilität verbessern.

In einigen Rezepturen empfehle ich die Anwendung als Wickel, Auflage oder Kompresse. Die Anleitung zur Herstellung kannst du auf Seite 64 nachlesen.

Wenn ich bei der Anwendung eine kurweise Gabe empfehle, so bezieht sich dies auf einen Zeitraum von maximal acht Wochen, wenn nicht anders angegeben.

Einzeltinkturen

Tinktur aus Wilder Karde – Mobilitätshelfer mit Tiefgang

Bei chronisch-degenerativen Erkrankungen des Bewegungsapparates und zum Beispiel auch chronischen Muskelentzündungen wirkt die Wilde Karde *(Dipsacus fullonum)* schmerzlindernd und auch entzündungshemmend.

Im Zentrum ihrer Wirkung stehen unter anderem Terpene, Glykoside, Bitterstoffe, Saponine und Gerbstoffe, die der Karde zudem auch eine entgiftende und stoffwechselanregende Wirkung verleihen. Gerade bei Hunden mit degenerativen Gelenkerkrankungen, in de-

Die Wilde Karde ist in der Traditionellen Chinesischen Medizin fest verankert. Doch auch Maria Treben setzte sie heilkundlich ein. In heutiger Zeit wird sie beispielsweise von Wolf-Dieter Storl im Zusammenhang mit Borreliose empfohlen.

ren Verlauf der Stoffwechsel in Muskeln, Sehnen und Gelenken träge wird, kann dies wertvolle Impulse setzen. Die Karde wirkt nicht nur schmerzlindernd, sondern hat auch leicht immunmodulierende Eigenschaften und fördert die Ausleitung von Abbauprodukten aus dem Gewebe – ein wichtiger Aspekt bei chronischen Prozessen wie etwa Arthrose.

Zubereitung: Die Tinktur wird nach dem Grundrezept zur Herstellung von Tinkturen auf Seite 58 ff. angesetzt. Für die Herstellung verwendest du die frische oder getrocknete Wurzel der Wilden Karde. Da es sich um eine Wurzeldroge handelt, empfehle ich dir, 70 %igen Alkohol zur Herstellung zu verwenden.

Dosierung: 5–10 Tropfen / 5 kg KM 2× täglich

Anwendung: Verabreicht wird sie kurweise über etwa acht Wochen. Sie kann neben der innerlichen Gabe auch in Salben, Cremes und Balsamen weiterverarbeitet werden. Auch lokal mit Wasser verdünnt (1:5) kannst du sie etwa in Form einer Auflage oder als Wickel anwenden.

Extra-Wissen:

Die Wilde Karde wird häufig in der Behandlung von Borreliose mit angewendet. Bei einer Borreliose ist eine lange Therapiezeit >1 Jahr sinnvoll.

Teufelskralletinktur – Der Klassiker bei Gelenkerkrankungen und chronischen Schmerzen

Die Afrikanische Teufelskralle *(Harpagophytum procumbens)* wird gerne genutzt zur unterstützenden Behandlung chronischer Beschwerden des Bewegungsapparats. Sie wird vor allem bei degenerativen Erkrankungen wie Arthrose, Hüftdysplasie oder Spondylose eingesetzt. Die Teufelskralle ist kein schneller Helfer bei akuten Schmerzen, da sie ein wenig Zeit braucht, bis ihre Wirkung einsetzt, dafür aber ein Begleiter bei langwierigen Prozessen, der immer wieder kurweise über einen Zeitraum von etwa acht Wochen eingesetzt werden kann. Sie fördert die Beweglichkeit, reduziert Entzündungen im Gelenk und wirkt schmerzlindernd.

Ihre Wirkung verdankt sie vor allem den enthaltenen Iridoidglykosiden, allen voran Harpagosid, das entzündungshemmend, abschwellend und schmerzlindernd wirkt. Ergänzt wird die Wirkung unter anderem durch Bitterstoffe, Polysaccharide und Flavonoide, die in der Summe antioxidativ, durchblutungsfördernd, chondroprotektiv und stoffwechselfördernd wirken.

Zubereitung: Die Tinktur wird nach dem Grundrezept zur Herstellung von Tinkturen auf Seite 58 ff. angesetzt. Für die Herstellung wird die getrocknete Wurzel der Afrikanischen Teufelskralle verwendet. Ich empfehle dir nach Möglichkeit, einen 70 %igen Alkohol zu verwenden, da es sich um eine Wurzeldroge handelt.

Dosierung: 1–2,5 ml/10 kg KM/Tag, aufgeteilt auf 3x täglich

Anwendung: Neben der kurweisen oralen Gabe kann die Tinktur auch in Salben, Cremes und Balsamen weiterverarbeitet werden oder in etwas Wasser verdünnt (1:5) in Form einer Auflage oder als Wickel angewendet werden.

Gegenanzeigen: Bitte nicht innerlich anwenden während der Trächtigkeit und Laktation, bei Gallensteinen sowie Magen- und Zwölffingerdarmgeschwüren.

Arnikatinktur - Erste Hilfe bei Prellungen, Zerrungen und stumpfen Verletzungen

Arnika *(Arnica montana)* ist eine der bekanntesten Pflanzen, wenn es um akute Verletzungen wie Prellungen, Zerrungen oder stumpfe Traumen geht. Ihre Tinktur sollte in keiner Hausapotheke fehlen. Die Hauptwirkstoffe der Arnikablüten sind unter anderem Sesquiterpenlactone, allen voran Helenalin, das stark entzündungshemmend und schmerzlindernd wirkt. Doch auch zum Beispiel ätherisches Öl, Flavonoide und Cumarine sind enthalten. Arnika fördert die Durchblutung, reduziert Schwellungen und beschleunigt die Rückbildung von Blutergüssen. Äußerlich angewendet kann sie so helfen, Gewebeschäden schneller zu regenerieren und Schmerzen zu lindern – ohne den Organismus unnötig zu belasten. Eingesetzt wird sie zum Beispiel bei Prellungen, Verstauchungen oder muskulären Verletzungen.

Wusstest du, dass das Sammeln wild wachsender Arnika in Deutschland verboten ist, da sie auf der Roten Liste gefährdeter Arten steht? Bestelle die Blüten daher besser in einer Kräuterapotheke.

Zubereitung: Die Tinktur wird nach dem Grundrezept zur Herstellung von Tinkturen auf Seite 58 ff. angesetzt. Du verwendest dafür die Blüten der Arnika. Achte auf geprüfte, möglichst apothekenübliche Qualität, da Arnika zu den geschützten Pflanzen gehört.

Anwendung: Die Tinktur wird in einer 1:5–1:10-Verdünnung mit Wasser vermengt (niemals unverdünnt). Du trägst die Mischung lokal 1–2-mal täglich auf den schmerzenden Bereich, zum Beispiel mit einer Kompresse oder als Wickel oder Auflage, auf. Auch in Salben, Balsamen und Cremes kann sie weiterverarbeitet werden. Arnika eignet sich nicht zur Dauerbehandlung!

> Wichtig!
>
> *Arnika darf ausschließlich äußerlich angewendet werden – innerlich kann sie toxisch wirken!*

Mädesüßtinktur – die pflanzliche Alternative zur Schmerztablette

Das Echte Mädesüß *(Filipendula ulmaria)* ist ein echtes Multitalent, wenn es um die pflanzliche Unterstützung bei Schmerzen und Entzündungen des Bewegungsapparates geht. Bei Hunden mit Gelenk- oder Rückenschmerzen und rheumatischen Beschwerden ist die Tinktur ein sanfter Begleiter, der Beschwerden lindert, ohne den Magen zu belasten.

Der Schlüssel zur Wirkung des Mädesüß liegt neben den unter anderem enthaltenen Flavonoiden und Gerbstoffen in seinem natürlichen Gehalt an Salicin. Dieses wird im Körper verstoffwechselt und zur therapeutisch wirksamen Salicylsäure. Diese wirkt schmerzlindernd, durchblutungsfördernd und entzündungshemmend.

Zubereitung: Die Tinktur wird nach dem Grundrezept zur Herstellung von Tinkturen auf Seite 58 ff. angesetzt. Verwendet werden die blühenden Triebspitzen – sie enthalten die höchste Konzentration an wirksamen Inhaltsstoffen.

Dosierung: 0,5–1,5 ml/10 kg/KM 2× täglich

Anwendung: Neben der kurweisen oralen Gabe kann die Tinktur auch in Cremes, Balsamen und Salben weiterverarbeitet werden oder auf den schmerzenden Bereich mit Wasser verdünnt (1:5) mit einer Kompresse oder in Form einer Auflage oder als Wickel angewendet werden.

> **Extra-Wissen:**
>
> *Mädesüß war mit seinem heute in Vergessenheit geratenen Namen Spiraea ulmaria „Namensgeber" für das synthetisch hergestellte Aspirin, das ein nach pflanzlichem Vorbild synthetisch hergestelltes Salicylsäurederivat enthält – die Acetylsalicylsäure. Die Gabe von Aspirin ist für unsere Hunde jedoch hochgiftig!*

Kontraindikationen: Nicht bei Trächtigkeit und während der Laktation anwenden. Ebenfalls bei Salicylatunverträglichkeit, Blutgerinnungsstörungen und der Gabe von blutverdünnenden Medikamenten sollte das Mädesüß nicht verabreicht werden.

Beinwelltinktur – Regeneration für Sehnen, Knochen und Gelenke

Der Beinwell *(Symphytum officinale)* ist eine traditionsreiche Pflanze, deren Name bereits auf ihre Stärke hinweist: „Bein" für Knochen und „well" für zusammenwachsen. Besonders bei Hunden mit schmerzhaften Erkrankungen des Bewegungsapparats, bei Knochenbrüchen, Sehnen- oder Bänderverletzungen entfaltet die Beinwelltinktur eine regenerierende, schmerzlindernde und entzündungshemmende Wirkung. Zusätzlich wirkt Beinwell durchblutungsfördernd, muskelentspannend und unterstützt die Kallusbildung (Knochenheilung).

Seine Kraft verdankt der Beinwell unter anderem dem Wirkstoff Allantoin, der die Zellneubildung und Regeneration von Gewebe unterstützt. Rosmarinsäure wirkt zusätzlich entzündungshemmend, abschwellend und schmerzlindernd. Kombiniert mit Gerbstoffen, Triterpenen und Schleimstoffen ergibt sich eine kraftvolle Wirkung, die bei äußerlicher Anwendung in tiefere Gewebeschichten vordringen kann.

Umschläge und Wickel aus Beinwellwurzel haben sich bei Schmerzen und Beschwerden des Bewegungsapparates bewährt –hier gibt der Name der Pflanze zugleich ihre Wirkweise wieder.

Zubereitung: Die Tinktur wird nach dem Grundrezept zur Herstellung von Tinkturen auf Seite 58 ff. hergestellt. Du verwendest dafür frische oder getrocknete Beinwellwurzel – bei der Verarbeitung frischer Wurzel empfiehlt sich zügiges Arbeiten, da sie rasch oxidiert. Da wir eine Wurzeldroge verarbeiten, empfehle ich, einen 70 %igen Alkohol zu verwenden.

Anwendung: Beinwelltinktur wird ausschließlich äußerlich angewendet – zum Beispiel als Wickel oder Auflage. Ich empfehle dir eine Verdünnung mit Wasser im Verhältnis 1:5 oder 1:10 bei empfindlichen Hunden. Auch als Bestandteil von Salben, Cremes und Balsamen zur Einreibung kann die Tinktur weiterverarbeitet werden.

Hinweis: Nicht auf offene Wunden auftragen! Bitte achte darauf, dass dein Hund nach der Behandlung den Bereich nicht abschleckt.

> **Extra-Wissen:**
> *Beinwell enthält Pyrrolizidinalkaloide (PA), die innerlich leberschädigend wirken können – daher ist seine Anwendung beim Hund streng auf die äußere Behandlung begrenzt.*

Weidenrindentinktur – pflanzlicher Klassiker bei Schmerzen und Entzündungen

Die Weide *(Salix alba)* ist eine der ältesten bekannten Pflanzen gegen Schmerzen – und ihre Rinde steckt voller natürlicher Wirkstoffe, die auch für Hunde mit schmerzenden Erkrankungen des Bewegungsapparats wertvolle Dienste leisten können.

Ihre Hauptwirkstoffe sind Salicylate, insbesondere das Salicin, das im Körper zur wirksamen Salicylsäure umgewandelt wird. Hinzu kommen unter anderem Flavonoide, Gerbstoffe und Phenolcarbonsäuren, die die entzündungshemmende und schmerzlindernde Wirkung unterstützen und zusätzlich die Durchblutung fördern. Die Wirkung tritt etwas langsamer ein als bei synthetischen Schmerzmitteln, hält dafür aber länger an und ist deutlich magenfreundlicher. Bei magenempfindlichen Hunden sollte die Verträglichkeit trotzdem vorab getestet werden. Die Gabe erfolgt am besten kurweise über mehrere Wochen.

Zubereitung: Die Tinktur wird nach dem Grundrezept zur Herstellung von Tinkturen auf Seite 58 ff. hergestellt. Verwendet wird die getrocknete Rinde junger Zweige der Silberweide. Da wir Pflanzeninhaltsstoffe aus der Rinde extrahieren möchten, empfehle ich die Verwendung eines 70-prozentigen Alkohols.

Dosierung: 2–4 Tropfen/kg KM 3× täglich

Anwendung: Neben der kurweisen oralen Gabe kannst du die Tinktur in Salben, Cremes und Balsamen weiterverarbeiten oder lokal mit Wasser verdünnt (1:5) applizieren, etwa als Auflage oder Wickel.

Gegenanzeigen: Bei bekannter Salicylatunverträglichkeit, Gabe von Blutverdünnern, Blutgerinnungsstörungen, während der Trächtigkeit und Laktation und bei Magen-Darm-Geschwüren sollte auf die Gabe verzichtet werden.

Extra-Wissen:

Weidenrinde gilt als „pflanzliches Aspirin". Doch bitte verabreiche deinem Hund niemals Aspirin. Das synthetische Pendant ist für unsere Hunde hochgiftig.

Weihrauchtinktur - entzündungshemmende Tiefenwirkung für Gelenke und Gewebe

Weihrauch *(Boswellia serrata)* wird in der Pflanzenheilkunde auch als „grünes Cortison" bezeichnet, was auf seine stark entzündungshemmende Wirkung zurückzuführen ist. Von dieser Wirkung profitieren wir bei schmerzhaft-entzündlichen Erkrankungen der Gelenke und des Rückens. Auch bei Nervenschmerzen kann er angewendet werden. Ideal also zum Beispiel, wenn Hunde unter Gelenksteifigkeit etwa durch Arthrose leiden oder auch, wenn durch ein Cauda-Equina-Kompressionssyndrom die Nerven schmerzhaft komprimiert werden.

Die besondere Kraft des Weihrauchs liegt in den Boswelliasäuren, die gezielt in entzündliche Stoffwechselprozesse eingreifen. Sie hemmen unter anderem die Bildung von Leukotrienen - Botenstoffen, die für chronische Entzündungen und die Zerstörung von Knorpelgewebe mitverantwortlich sind. Zusätzlich wirkt Weihrauch abschwellend und durchblutungsfördernd.

Zubereitung: Die Tinktur wird nach dem Grundrezept zur Herstellung von Tinkturen auf Seite 58 ff. hergestellt. Du verwendest dafür das fein zerkleinerte, gereinigte Harz des indischen Weihrauchs *(Boswellia serrata)*. Wichtig: Die Qualität des Harzes spielt eine entscheidende Rolle - achte auf hochwertige, schadstoffgeprüfte Ware aus vertrauenswürdiger Quelle. Da wir die Wirkstoffe aus einem Harz ausziehen, empfehle ich dir die Verwendung eines mindestens 70-prozentigen Alkohols.

Dosierung: 1,5–2,5 ml/10 kg KM 3× täglich

Die Tinktur aus Weihrauch kann innerlich angewendet werden, du kannst sie aber auch in einer Salbe, Creme oder einem Balsam weiterverarbeiten und auf schmerzende Bereiche auftragen.

Anwendung: Neben der kurweisen oralen Gabe kann die Weihrauchtinktur auch in Salben, Cremes oder Balsamen weiterverarbeitet werden. Auch in Wickeln und Auflagen, 1:5 mit Wasser verdünnt, kannst du die Tinktur nutzen.

Hinweis: Oral bitte nicht auf nüchternem Magen verabreichen.

Johanniskrauttinktur - pflanzlicher Lichtblick für Nerven, Muskeln und gereiztes Gewebe

Johanniskraut *(Hypericum perforatum)* ist weit mehr als ein pflanzliches Antidepressivum – es wirkt auch unter anderem bei Muskel- und Nervenschmerzen und Neuropathien.

Seine Hauptwirkstoffe sind Hypericin und Hyperforin, die nicht nur stimmungsaufhellend, sondern auch entzündungshemmend und schmerzlindernd wirken. Ergänzt werden sie durch etwa Flavonoide, Gerbstoffe und ätherisches Öl, die die Durchblutung fördern und den Muskeltonus regulieren können. Besonders bei Hunden, die unter Verspannungen, Rückenschmerzen oder nervlich bedingten Schmerzen wie bei Spondylose oder Bandscheibenvorfällen leiden, zeigt Johanniskraut eine schmerzlindernde und entspannende Wirkung.

Zubereitung: Die Tinktur wird nach dem Grundrezept zur Herstellung von Tinkturen auf Seite 58 ff. hergestellt. Verwendet wird nach Möglichkeit das frische, blühende Kraut des Johanniskrauts. Nur mit frischem Pflanzenmaterial erhältst du eine Tinktur mit dem charakteristischen roten Farbton und vollem Wirkstoffspektrum.

Dosierung: Tinktur 2 Tropfen/kg KM 2–3× täglich

Anwendung: Johanniskrauttinktur kann sowohl kurweise innerlich zur Unterstützung bei Schmerzgeschehen als auch äußerlich zur Linderung bei Prellungen, Muskelzerrungen und Nervenreizungen angewendet werden. Sie verschafft, 1:5 mit Wasser verdünnt, als Wickel oder Auflage Linderung und kann auch in Salben, Cremes und Balsamen weiterverarbeitet werden.

Gegenanzeigen: Johanniskraut aktiviert das Leberenzym CYP3A4, welches für eine schnellere Verstoffwechslung bestimmter Medikamente sorgt. Daher oral nicht gleichzeitig Protonenpumpenhemmer, Antibiotika, Neuroleptika, Antimykotika, Immunsuppressiva oder Chemotherapeutika geben, sondern zeitlich versetzt.

> ***Extra-Wissen:***
>
> *Johanniskraut macht empfindliche Haut lichtsensibel, daher sollte direkte Sonneneinstrahlung vermieden werden. Bei Hunden mit hellem Fell kann das Johanniskraut Verfärbungen im Fell hinterlassen.*

Gänseblümchentinktur – sanfte Kraft bei Prellungen, Muskelkater und Weichteilverletzungen

Das Gänseblümchen *(Bellis perennis)* wird in der Phytotherapie gern als „kleine Arnika" oder „Arnika der Frauen und Kinder" bezeichnet – und das aus gutem Grund: Es wirkt milder als Arnika, bringt aber dennoch eine erstaunlich regenerative Kraft mit sich, die sich besonders bei Prellungen, Muskelkater, Blutergüssen und Weichteilverletzungen, aber auch leichten Rückenschmerzen positiv zeigt.

Das Gänseblümchen ist nahezu unverwüstlich. Oft übersehen und plattgetrampelt, richtet es sich einfach wieder auf und kann auch für die Hundegesundheit vielseitig eingesetzt gute Dienste leisten.

Die Wirkung basiert vor allem auf zum Beispiel Gerbstoffen, ätherischem Öl, Flavonoiden und Bitterstoffen. Diese wirken gemeinsam durchblutungsfördernd, leicht entzündungshemmend und abschwellend. Besonders bei kleineren Verletzungen oder empfindlichen Hunden ist das Gänseblümchen eine sehr sanfte Alternative zu stärkeren Pflanzen wie der Arnika.

Zubereitung: Die Tinktur wird nach dem Grundrezept zur Herstellung von Tinkturen auf Seite 58 ff. angesetzt. Verwendet werden die frischen oder getrockneten, voll aufgeblühten Blütenköpfchen des Gänseblümchens.

Dosierung: Je nach Größe des Hundes 10–50 Tropfen 3× täglich

Anwendung: Die Tinktur kann auch äußerlich aufgetragen, zum Beispiel als Auflage, angewendet werden – ideal bei Prellungen, Muskelverspannungen oder leichten Gelenkbeschwerden. Auch in Salben, Balsamen und Cremes kannst du sie weiterverarbeiten.

Goldrutentinktur – abschwellende Unterstützung für den Bewegungsapparat

Die Echte Goldrute *(Solidago virgaurea)* ist in der Kräuterkunde vor allem für ihre harntreibende Wirkung bekannt – doch ihre Fähigkeiten gehen weit darüber hinaus. Sie kann auch dann gut unterstützen, wenn es um entzündliche, schmerzhafte oder geschwollene Gelenke geht. Besonders bei Schwellungen im Gewebe oder im Rahmen von Entzündungen im Bewegungsapparat ist sie ein wertvoller Helfer.

Die Wirksamkeit der Goldrute beruht auf einem Komplex aus unter anderem Flavonoiden, Phenolglykosiden wie Leiocarposid sowie ätherischem Öl. Diese Kombination wirkt entzündungshemmend, abschwellend und gewebereinigend. Sie fördert den Lymphfluss, regt den Stoffwechsel an und kann so helfen, Entzündungsprodukte schneller aus dem betroffenen Gewebe abzutransportieren. Die Tinktur kann innerlich angewendet werden, insbesondere zur Unterstützung bei rheumatisch-schmerzhaften Gelenken, chronischen Entzündungen oder zur milden Anregung des Gewebestoffwechsels.

Zubereitung: Die Tinktur wird nach dem Grundrezept zur Herstellung von Tinkturen auf Seite 58 ff. angesetzt. Du verwendest dafür das frische oder getrocknete Kraut der Echten Goldrute. Das Ansatzverhältnis liegt für diese Tinktur bei 1:2 oder 1:3.

Dosierung: 0,5–1,5 ml/10 kg in mehreren Gaben über den Tag verteilt.

Anwendung: kurweise orale Verabreichung

Gegenanzeigen: Nicht bei Ödemen infolge eingeschränkter Herz- oder Nierentätigkeit oder bei einer Nephritis.

Ringelblumentinktur - sanfte Helferin für entzündetes und überreiztes Gewebe

Die Ringelblume *(Calendula officinalis)* ist eine bewährte Pflanze, wenn es um Heilung, Regeneration und Schutz von gereiztem Gewebe geht – und das gilt nicht nur für Hautprobleme. Auch bei Beschwerden des Bewegungsapparates zeigt sie eine wohltuende Wirkung, vor allem bei Reizungen und Entzündungen von Sehnen, Gelenken oder Muskeln.

Die Ringelblume wirkt nicht nur auf die Haut, sondern kann auch bei Sehnen- und Muskelreizungen gute Dienste leisten.

Ihre Wirkung verdankt sie unter anderem den enthaltenen Triterpenen, Flavonoiden, Carotinoiden und ätherischem Öl, die eine beruhigende, leicht schmerzlindernde und gewebestärkende Wirkung haben, den Abbau von Schwellungen unterstützen und helfen, entzündliche Prozesse zu lindern.

Zubereitung: Die Tinktur wird nach dem Grundrezept zur Herstellung von Tinkturen auf Seite 58 ff. angesetzt. Verwendet werden die frischen oder getrockneten Zungenblüten der Ringelblume.

Anwendung: Die Tinktur kannst du als Wickel, Kompresse oder Auflage 1:5 mit Wasser verdünnt anwenden. Wenn du möchtest, kannst du die Tinktur auch in einer Creme, Salbe oder einem Balsam weiterverarbeiten.

Tinktur-Mischungen

Schmerz-lass-nach-Tinktur: Goldrute, Mädesüß, Weidenrinde, Brennnessel

Wenn Rücken oder Gelenke schmerzen und Muskeln verspannt sind, dann ist diese Tinkturmischung eine wohltuende Begleitung im Alltag. Die Kombination aus Goldrute, Mädesüß, Weidenrinde und Brennnessel zielt darauf ab, Schmerz und Entzündung auf sanfte Weise zu lindern – ohne dabei den Organismus unnötig zu belasten. Die Kombination dieser vier Pflanzen verbindet entzündungshemmende, schmerzstillende und ausleitende, stoffwechselaktivierende Wirkmechanismen.

Brennnessel aktiviert den Gelenkstoffwechsel und reguliert entzündliche Prozesse. Sie wirkt bei Gelenk- und Rückenschmerz zudem nachweislich schmerzlindernd und ist in den letzten

Die Tinkturmischung deckt wichtige Säulen im Schmerzmanagement ab wie Schmerzlinderung, Entzündungshemmung und Aktivierung des Gelenkstoffwechsels.

Jahren mehr und mehr auch zu einer Pflanze für den Bewegungsapparat geworden.

Mädesüß bringt genauso wie die Weidenrinde pflanzliche Salicylate mit, die schmerzstillend und entzündungshemmend wirken. Die Goldrute unterstützt durch ihre abschwellenden und stoffwechselanregenden Eigenschaften die Ausleitung von Entzündungsstoffen aus dem Gewebe.

Zubereitung: Die Tinktur wird nach dem Grundrezept zur Herstellung von Tinkturen auf Seite 58 ff. hergestellt. Du verwendest das jeweilige frische oder getrocknete Pflanzenmaterial zu gleichen Teilen und setzt es gemeinsam als Mischung an. Alternativ kannst du auch Einzeltinkturen im entsprechenden Verhältnis mischen.

Für die Herstellung verwendest du:

- Weidenrinde
- Brennnesselblätter
- Goldrutenkraut
- Mädesüßkraut

Dosierung: 0,5–1,5 ml/10 kg 3× täglich

Anwendung: Diese Mischung eignet sich zur kurweisen Anwendung über 8 Wochen bei chronischen Schmerzen und Entzündungen des Bewegungsapparates. Auch bei Arthrose- oder Spondyloseschüben ist sie sehr hilfreich.

Gegenanzeigen: Nicht anwenden bei Ödemen infolge eingeschränkter Herz- oder Nierentätigkeit. Weiterhin sollte bei bekannter Salicylatunverträglichkeit, Gabe von Blutverdünnern, Blutgerinnungsstörungen, während der Trächtigkeit und Laktation und bei Magen-Darm-Geschwüren auf die Gabe verzichtet werden.

Ölauszüge

Arnika-Ölauszug – natürliche Erste Hilfe bei Prellungen, Zerrungen und Muskelverspannungen

Bei stumpfen Verletzungen, Verstauchungen, Prellungen, Zerrungen oder muskulären Verspannungen ist der Arnika-Ölauszug ein bewährtes Mittel, um Schmerz und Entzündung zu lindern. Seine Wirkung verdankt die Arnika vor allem den Sesquiterpenlactonen wie Helenalin, genauso wie Flavonoiden, Terpenderivaten und ätherischem Öl, die die Wirkung ergänzen und für eine verbesserte Durchblutung und Gefäßerweiterung sorgen. In der Summe wird so die Heilung des Gewebes unterstützt.

Zubereitung: Der Ölauszug wird nach dem Grundrezept zur Herstellung von Ölauszügen auf Seite 35 ff. hergestellt.

Du verwendest dafür getrocknete Arnikablüten.

Anwendung: Der Ölauszug eignet sich ausschließlich zur äußeren Anwendung, lokal aufgetragen. Auch zur Herstellung von Salben, Balsamen und Cremes kann er weiterverarbeitet werden.

Hinweis: Nicht auf offene Wunden auftragen!

Ringelblumen-Ölauszug

Auch in einem Ölauszug können wir wertvolle Pflanzeninhaltsstoffe aus der Ringelblume gewinnen, die den Bewegungsapparat unterstützen. Die Wirkung der Ringelblume auf den Bewegungsapparat kannst du auf Seite 156 nachlesen.

Zubereitung: Der Ölauszug wird nach dem Grundrezept zur Herstellung von Ölauszügen auf Seite 35 ff. angesetzt. Hierfür verwendest du die frischen oder getrockneten Zungenblüten der Ringelblume.

Anwendung: Der Ölauszug eignet sich hervorragend zur äußerlichen Anwendung – pur oder als Bestandteil von Salben, Cremes oder Balsamen.

Gänseblümchen-Ölauszug

Auch aus dem Gänseblümchen können wir einen wirkungsvollen Ölauszug herstellen. Die Wirkung auf den Bewegungsapparat kannst du auf Seite 155 nachlesen.

Ein Ringelblumen-Ölmazerat sollte in keiner Hunde-Hausapotheke fehlen. Auch zur Linderung leichter Beschwerden am Bewegungsapparat leistet sie gute Dienste.

Zubereitung: Der Ölauszug wird nach dem Grundrezept zur Herstellung von Ölauszügen auf Seite 35 ff. angesetzt. Hierfür verwendest du die frischen oder getrockneten Blüten des Gänseblümchens.

Anwendung: Der Ölauszug eignet sich hervorragend zur äußerlichen Anwendung – pur oder als Bestandteil von Salben, Cremes oder Balsamen.

Ob als wohltuendes Öl auf schmerzende Gelenke oder Muskeln aufgetragen oder in einer Salbe weiterverarbeitet, bietet das Gänseblümchen sanfte Linderung.

Löwenzahn-Ölauszug – wohltuende Hilfe bei Gelenkschmerzen und rheumatischen Beschwerden

Löwenzahn *(Taraxacum officinale)* ist eine bekannte Pflanze, wenn es um Durchspülung und Unterstützung des Stoffwechsels geht, doch oft unterschätzt, wenn es um die Unterstützung des Bewegungsapparates geht. Gerade bei Hunden mit Arthrose, Gelenkschmerzen, rheumatischen Beschwerden oder chronischen Entzündungsprozessen kann der Einsatz von Löwenzahn helfen. Die Pflanze enthält unter anderem Flavonoide und Triterpene, die entzündungshemmend und durchblutungsfördernd wirken. Diese Kombination kann helfen, verquollenes, überreiztes oder schmerzhaftes Gewebe zu beruhigen und damit die Beweglichkeit zu verbessern.

Zubereitung: Der Ölauszug wird nach dem Grundrezept zur Herstellung von Ölauszügen auf Seite 35 ff. hergestellt. Du verwendest hierfür frische oder getrocknete Löwenzahnwurzeln, -blüten und -blätter.

Anwendung: Der Ölauszug wird entweder äußerlich pur einmassiert oder in Cremes, Salben und Balsamen weiterverarbeitet.

Johanniskraut-Ölauszug

Die Wirkung des Johanniskrautes auf den Bewegungsapparat hast du schon bei den Tinkturen auf Seite 154 kennengelernt. Genauso können wir einen Auszug auf Ölbasis herstellen, um diesen für den Bewegungsapparat einzusetzen.

Zubereitung: Das Ölmazerat stellst du nach dem Grundrezept zur Herstellung von Ölauszügen auf Seite 35 ff. her. Wir nutzen für den Ölauszug das frische, blühende oder getrocknete Kraut des Johanniskrautes.

Anwendung: Der Ölauszug eignet sich hervorragend zur äußerlichen Anwendung – pur oder als Bestandteil von Salben, Cremes oder Balsamen.

Salben, Balsame und Cremes für den Bewegungsapparat

Arnikasalbe – bewährter Klassiker bei Prellungen, Zerrungen und Verstauchungen

Auch in einer Salbe weiterverarbeitet eignet sich die Arnika hervorragend bei akuten Traumata wie Prellungen, Zerrungen oder Verstauchungen. Detaillierte Informationen zu ihrer Wirkweise kannst du auf Seite 149 nachlesen.

Neben dem Ölauszug, der die fettlöslichen Wirkstoffe enthält, können wir optional auch eine kleine Menge Arnikatinktur einarbeiten, um zusätzlich die alkohollöslichen Wirkstoffe in die Salbe einzubinden – für eine besonders umfassende Wirkung.

Die Arnika steht in Deutschland unter Naturschutz und darf nicht wild gesammelt werden. Daher am besten selbst anpflanzen oder auch getrocknet kaufen.

Zutaten (für ca. 100 ml Salbe):

- 100 ml Arnika-Ölauszug (Herstellung siehe Seite 35 ff.)
- 5–15 g Bienenwachs

Optional:

- 4–12 ml Arnikatinktur – die Menge richtet sich danach, ob du Lanolin zugibst (Herstellung siehe Seite 58 ff.)
- 10 g Lanolin

Zubereitung: Die genaue Herstellung der Salbe findest du im Grundrezept zur Salbenherstellung auf Seite 43 ff.

Anwendung: Die Arnikasalbe wird ein- bis zweimal täglich dünn auf die betroffenen Stellen aufgetragen und sanft einmassiert. Nicht auf offene Wunden geben!

Beinwellsalbe – tiefenwirksame Unterstützung bei Verstauchungen, Prellungen und Gelenkproblemen

Beinwell *(Symphytum officinale)* ist eine der bekanntesten Pflanzen zur Unterstützung des Bewegungsapparates – und das zu Recht. Auch in einer wohltuenden Salbe können wir ihn anwenden. Die genaue Wirkweise des Beinwells kannst du auf Seite 151 nachlesen.

In der Beinwellsalbe vereinen wir die fett- und alkohollöslichen Wirkstoffe, die Schmerzen und Entzündungen am Bewegungsapparat lindern und auch bei Prellungen und Zerrungen äußerst wirkungsvoll sind.

In dieser Rezeptur kombinieren wir die Wirkung des Beinwell-Ölauszugs mit optionaler Zugabe einer kleinen Menge der Beinwelltinktur, um sowohl fett- als auch alkohollösliche Wirkstoffe optimal zu nutzen.

Zutaten (für ca. 100 ml Salbe):
- 100 ml Beinwell-Ölauszug (Herstellung siehe Seite 35 ff.)
- 5–15 g Bienenwachs

Optional:
- 4–12 ml Beinwelltinktur – die Menge richtet sich danach, ob du Lanolin zugibst (Herstellung siehe Seite 58 ff.)
- 10 g Lanolin
- 5 Tropfen ätherisches Rosmarinöl (zur zusätzlichen Durchblutungsförderung)

Zubereitung: Die Herstellung erfolgt nach dem Grundrezept zur Salbenherstellung auf Seite 43 ff.

Anwendung: Die Salbe wird ein- bis zweimal täglich auf schmerzende oder gereizte Stellen aufgetragen und sanft einmassiert.

Hinweis: Nicht auf offene Wunden anwenden und bitte nicht abschlecken lassen.

Johanniskraut-Ingwer-Salbe – wohltuende Wärmesalbe für steife Gelenke und verspannte Muskulatur

Diese Salbe ist eine Kombination aus zwei kraftvollen Pflanzen, die sich ideal zur Behandlung von Verspannungen, Gelenksteifigkeit, Nervenschmerzen und chronischen Schmerzen im Bewegungsapparat deines Hundes eignet. Hervorragend auch bei wetterfühligen Hunden. Das Johanniskraut *(Hypericum perforatum)* ist bekannt für seine nervenberuhigende, entzündungshemmende und durchblutungsfördernde Wirkung, während der Ingwer mit seinen ätherischen Ölen und Scharfstoffen wie Gingerol eine sanfte, aber spürbare Wärme in tiefere Gewebeschichten bringt. Ingwer verstärkt die durchblutungsfördernde Wirkung des Johanniskrauts und bringt gezielt Wärme in die Tiefe – eine ideale Kombination bei chronischen Beschwerden, die sich durch Kälte verstärken.

Durch die Verwendung von Johanniskraut-Ölauszug und optional Johanniskrauttinktur werden sowohl die fett- als auch die alkohollöslichen Wirkstoffe dieser Pflanze vollständig eingebunden.

Zutaten (für ca. 100 ml Salbe):

- 60 ml Johanniskraut-Ölauszug (Herstellung siehe Seite 35 ff.)
- 40 ml Ingwer-Ölauszug – Für die Herstellung des Auszugs verwendest du etwa 1,5 EL frische, kleingehackte Ingwerwurzel und verfährst nach Anleitung auf Seite 35 ff.
- 5–15 g Bienenwachs

Optional:

- 4–12 ml Johanniskrauttinktur – die Menge hängt davon ab, ob du Lanolin zugibst (Herstellung siehe Seite 58 ff.)
- 10 g Lanolin
- 2–3 Tropfen ätherisches Ingweröl zur Unterstützung der Durchblutung

Zubereitung: Die Herstellung erfolgt nach dem Grundrezept zur Salbenherstellung auf Seite 43 ff.

Anwendung: Die Salbe eignet sich zur regelmäßigen Behandlung verspannter oder schmerzhafter Körperregionen. Sie wird sanft einmassiert und sorgt für eine wohltuende Erwärmung des Gewebes.

Hinweis: Nicht auf offene Hautstellen oder direkt vor dem Spaziergang bei starker Sonneneinstrahlung anwenden – Johanniskraut kann die Lichtempfindlichkeit erhöhen!

Gänseblümchensalbe – sanfte Pflege bei Überlastungen, kleinen Prellungen und empfindlichem Gewebe

Das Gänseblümchen *(Bellis perennis)* lässt sich auch in einer Salbe sehr gut verarbeiten. Ausführliches Wissen zur Anwendung und Wirkung kannst du auf Seite 155 nachlesen.

> **Extra-Wissen:**
>
> *Das Gänseblümchen fördert die Resorption von kleinen Einblutungen und regt die lokale Durchblutung an – ein wertvoller Effekt bei leichten Traumata. Gerade bei sensiblen Hunden ist es eine sanfte, aber wirksame Alternative zur Arnika.*

Zutaten (für ca. 100 ml Salbe):

- 100 ml Gänseblümchen-Ölauszug (Herstellung siehe Seite 35 ff.)
- 5–15 g Bienenwachs

Optional:

- 4–12 ml Gänseblümchentinktur – Menge abhängig davon, ob du Lanolin mitverarbeitest (Herstellung siehe Seite 58 ff.)
- 10 g Lanolin

Zubereitung: Die Zubereitung erfolgt nach dem Grundrezept zur Herstellung von Salben auf Seite 43 ff.

Anwendung: Du trägst die Salbe 1–2-mal täglich auf den betroffenen Bereich auf.

Löwenzahn kurbelt, in einer Salbe angewendet, gezielt den lokalen Zellstoffwechsel an und hilft, Stoffwechselrückstände im Gewebe abzubauen.

Löwenzahnsalbe - aktivierend und entstauend bei schmerzhaften Gelenken und muskulären Verspannungen

Auch als Salbe angewendet sorgt der Löwenzahn *(Taraxacum officinale)* für eine spürbare Entlastung der Gelenke und regt lokal den Zellstoffwechsel und die Durchblutung an. Schlacken und Stoffwechselrückstände werden abtransportiert und Entzündung und Schmerz sanft gelindert. Mehr Informationen zum Löwenzahn kannst du auf Seite 160 nachlesen.

Zutaten (für ca. 100 ml Salbe):

- 100 ml Löwenzahn-Ölauszug (Herstellung siehe Seite 35 ff.)
- 5–15 g Bienenwachs

Optional:

- 4–12 ml Löwenzahntinktur – abhängig davon, ob Lanolin mitverarbeitet wird (Herstellung siehe Seite 58 ff.)
- 10 g Lanolin

Zubereitung: Die Herstellung erfolgt nach dem Grundrezept auf Seite 43 ff.

Anwendung: Die Salbe wird sanft einmassiert und kann ein- bis zweimal täglich verwendet werden – ideal als sanfte Unterstützung von außen bei chronischen Beschwerden.

Weidenrindencreme – natürliche Schmerzlinderung bei Arthrose und Gelenkentzündungen

Die Weidenrinde *(Salix alba)* entfaltet ihre Wirkung besonders bei entzündlichen und schmerzhaften Prozessen an Gelenken und am Rücken, Muskeln und Sehnen. Ideal also für Hunde mit beispielsweise Arthrose, Cauda-Equina-Kompressionssyndrom, Sehnenreizungen und -entzündungen oder rheumatischen Beschwerden. In einer Creme verarbeitet, wirkt sie lokal entzündungshemmend, schmerzlindernd und leicht abschwellend. Die leicht kühlende Textur der Creme ist zusätzlich sehr wohltuend. Weiteres Wissen zur Weidenrinde kannst du auf Seite 152 nachlesen.

Zutaten (für ca. 100 ml Creme):

Für die Fettphase:

- 45 ml Weidenrinden-Ölauszug (Herstellung siehe Seite 35 ff.)
- 10–20 g Lanolin
- 4–6 g Bienenwachs
- 4–6 g Fette oder Butter wie Kokosöl, Shea- oder Kakaobutter

Für die Wasserphase:

- 40–45 ml Weidenrindentinktur (Herstellung siehe Seite 58 ff.)

Zubereitung: Die Zubereitung erfolgt gemäß dem Grundrezept für Cremes auf Seite 49 ff.

Anwendung: Die Creme trägst du ein- bis zweimal täglich lokal auf die schmerzenden Bereiche auf.

Teufelskralle-Creme – tiefenwirksame Hilfe bei Arthrose, chronischen Entzündungen und Bewegungseinschränkungen

Aus der afrikanischen Teufelskralle lässt sich ebenfalls eine wohltuende Creme für schmerzende Gelenke, Sehnen und Muskeln herstellen. Wirkstoffe wie Harpagosid und Bitterstoffe greifen gezielt lokal in entzündliche Prozesse ein, hemmen die Bildung entzündungsfördernder Botenstoffe und verbessern die Beweglichkeit. In der Cremeform entfaltet die Teufelskralle ihre Wirkung direkt am Ort des Geschehens und lindert Beschwerden. Zusätzlich haben Cremes leicht kühlende Eigenschaften, was zusätzlich unterstützt. Wenn du mehr zur Teufelskralle nachlesen magst, findest du die Informationen auf Seite 148.

Zutaten (für ca. 100 ml Creme):

Für die Fettphase:

- 45 ml Teufelskralle-Ölauszug (Herstellung siehe Seite 35 ff.)
- 10–20 g Lanolin
- 4–6 g Bienenwachs
- 4–6 g Fette oder Butter wie Kokosöl oder Kakao- oder Sheabutter

Für die Wasserphase:

- 40–45 ml Teufelskralletinktur (Herstellung siehe Seite 58 ff.)

Die Teufelskralle kennst du sicherlich als Pulver, das du deinem Hund verabreichen kannst. Doch auch in einer Creme verarbeitet und auf das schmerzende Gelenk aufgetragen, lindert sie Schmerzen.

Zubereitung: Die Herstellung erfolgt nach dem Grundrezept für Cremes auf Seite 49 ff.

Anwendung: Die Creme trägst du ein- bis zweimal täglich auf die schmerzenden Bereiche auf.

Weihrauchcreme – weg mit Rücken- und Gelenkweh

Der indische Weihrauch *(Boswellia serrata)* hat sich in der naturheilkundlichen Behandlung chronisch-entzündlicher Erkrankungen des Bewegungsapparates fest etabliert. Besonders bei Gelenk- und Rückenerkrankungen und rheumatischen Beschwerden zeigt Weihrauch durch seine entzündungsregulierenden Boswelliasäuren eine beeindruckende Wirkung.

Diese hemmen gezielt Entzündungsmediatoren wie Leukotriene, die maßgeblich an der Entstehung und Aufrechterhaltung chronischer Entzündungen beteiligt sind. Ausführliche Informationen zum Weihrauch findest du auch auf Seite 153. Die Weihrauchcreme vereint die volle Kraft des Weihrauchs durch die fettlöslichen und die alkohollöslichen Inhaltsstoffe und lindert, lokal aufgetragen am „Ort des Geschehens", zuverlässig die Beschwerden.

Zutaten (für ca. 100 ml Creme):

Für die Fettphase:

- 45 ml Weihrauch-Ölauszug (Herstellung siehe Seite 35 ff.)
- 10–20 g Lanolin
- 4–6 g Bienenwachs
- 4–6 g Fette oder Butter wie Kakao- oder Sheabutter oder Kokosöl

Für die Wasserphase:

- 40–45 ml Weihrauchtinktur (Herstellung siehe Seite 58 ff.)

Zubereitung: Die Herstellung erfolgt nach dem bewährten Grundrezept für Cremes (siehe Seite 49 ff.)

Anwendung: Die Weihrauchcreme trägst du ein- bis zweimal täglich auf schmerzende Bereiche auf.

Mädesüßcreme – natürliche Schmerzlinderung bei Arthrose und entzündlichen Beschwerden

Mädesüß *(Filipendula ulmaria)*, auch Wiesenkönigin genannt, ist eine Pflanze mit beeindruckender Wirkung, insbesondere wenn es um die natürliche Schmerzlinderung und Entzündungshemmung geht. Du hast sie bereits auf Seite 150 kennengelernt. In einer Creme verarbeitet bietet sie durch die schmerzlindernde, entzündungshemmende und leicht abschwellende Wirkung Linderung bei chronischen Gelenkerkrankungen und muskulären Verspannungen.

Das Mädesüß ist im Vergleich zur Weidenrinde und ihrer schmerzlindernden Wirkung immer noch eine kleine Unbekannte. Dabei steht es ihr in seiner Wirkung in nichts nach.

Zutaten (für ca. 100 ml Creme):

Für die Fettphase:

- 45 ml Mädesüß-Ölauszug (Herstellung siehe Seite 35 ff.)
- 10–20 g Lanolin
- 4–6 g Bienenwachs
- 4–6 g Fette oder Butter wie Kakao- oder Sheabutter oder Kokosöl

Für die Wasserphase:

- 40–45 ml Mädesüßtinktur (Herstellung siehe Seite 58 ff.)

Zubereitung: Die Zubereitung erfolgt nach dem Grundrezept zur Cremeherstellung (Seite 49 ff.)

Anwendung: Die leicht kühlende Creme trägst du ein- bis zweimal täglich auf.

Ob bei Borreliose oder Erkrankungen des Bewegungsapparates: Die Kardenwurzel ist hier unverzichtbar.

Kardenwurzelcreme – tiefgehende Unterstützung bei chronischen Gelenkbeschwerden und Muskelentzündungen

Die wilde Karde hast du schon bei den Tinkturen auf Seite 147 kennengelernt. In der äußerlichen Anwendung unterstützt die Kardenwurzelcreme besonders bei chronischen Gelenkbeschwerden und entzündlichen Geschehen von Sehnen und Muskulatur oder als Begleitung bei borreliosebedingten Beschwerden. Die Kombination von Ölauszug und Tinktur stellt sicher, dass sowohl fett- als auch alkohollösliche Inhaltsstoffe ihre Wirkung entfalten können.

Zutaten (für ca. 100 ml Creme):

Für die Fettphase:
- 45 ml Kardenwurzel-Ölauszug (Herstellung siehe Seite 35 ff.)
- 10–20 g Lanolin
- 4–6 g Bienenwachs
- 4–6 g Fette oder Butter wie Kokosöl oder Kakao- oder Sheabutter

Für die Wasserphase:
- 40–45 ml Kardenwurzeltinktur (Herstellung siehe Seite 58 ff.)

Zubereitung: Wie gewohnt erfolgt die Herstellung nach dem Grundrezept auf Seite 49 ff.

Anwendung: Die Creme kannst du ein- bis zweimal täglich auftragen.

Tees und Dekokte

Pfefferminztee – kühlend bei Gelenkschmerzen und Schwellungen

Die Pfefferminze *(Mentha piperita)* ist bekannt für ihre kühlende Wirkung – eine Eigenschaft, die besonders bei akuten Gelenkentzündungen, Schwellungen oder Sehnenentzündungen hilfreich ist. Ihre Wirkstoffe wie etwa ätherisches Öl – vor allem Menthol und Menthon – wirken lokal schmerzlindernd und leicht entzündungshemmend. In Form eines Tees kann Pfefferminze als Kompresse oder Auflage eingesetzt werden – ideal zur sofortigen Linderung von Beschwerden im Bereich der Gelenke oder Sehnen.

Zutaten:

- 1–2 TL frische oder getrocknete Pfefferminzblätter

Zubereitung: 1 gehäufter TL getrocknete Pfefferminzblätter mit 150 ml heißem Wasser übergießen und 10 Minuten abgedeckt ziehen lassen. Bitte gib das Kondenswasser, das sich im Deckel sammelt, unbedingt wieder in den Tee, da sich hier die ätherischen Öle sammeln. Anschließend abseihen und abkühlen lassen.

Anwendung: Perfekt als Auflage – Ein sauberes, weiches Tuch mit dem kalten Tee tränken, auswringen und auf das betroffene Gelenk legen. Dort für etwa 10–15 Minuten wirken lassen. Die kühlende Wirkung kann durch ein kurzes Auflegen mehrfach täglich wiederholt werden.

Extra-Wissen:

Pfefferminze eignet sich hervorragend zur kurzfristigen Anwendung bei akuten Beschwerden. Ihre stark kühlende Wirkung sollte jedoch bei chronisch kalten Gelenken oder bei frierenden Hunden nur mit Bedacht eingesetzt werden.

Mädesüß-Dekokt – sanfte Schmerzlinderung bei Gelenk- und Muskelbeschwerden

Das Mädesüß kann auch als Dekokt bei chronischen Beschwerden des Bewegungsapparates und entzündlichen Prozessen im Bewegungsapparat eingesetzt werden.

Im lauwarmen Dekokt kommt zudem der durchblutungsfördernde Effekt zum Tragen – eine hervorragende Unterstützung für Hunde mit steifen Gelenken oder muskulären Verspannungen. Weiterführendes Wissen zum Mädesüß findest du auf Seite 150.

Den Mädesüß-Dekokt kannst du nutzen, um deinem Hund einen schmerzlindernden Umschlag an schmerzenden Gelenken und Muskeln anzulegen.

Zutaten:
- Zerkleinertes Mädesüßkraut und Wasser im Verhältnis 1:10

Zubereitung: Die Herstellung erfolgt nach dem Grundrezept für Dekokte auf Seite 64.

Anwendung: Ideal als Auflage oder Wickel, und danach kann eine passende Creme oder Salbe zur Nachpflege aufgetragen werden.

Weidenrinden-Dekokt – natürliche Unterstützung bei chronischen Gelenkbeschwerden

Auch die Weidenrinde lässt sich als Dekokt verarbeiten. Ausführliche Informationen zur Weide kannst du auf Seite 152 nachlesen.

Zutaten:
- Zerkleinerte Weidenrinde und Wasser im Verhältnis 1:10

Zubereitung: Folge der Anleitung zur Dekokt-Zubereitung auf Seite 64.

Anwendung: Für die Anwendung des Dekoktes verfährst du wie beim Mädesüß-Dekokt.

Rezepturen für Hauterkrankungen und zur Wundbehandlung

Der Zustand von Haut und Fell verrät uns viel über das gesundheitliche Befinden unseres Hundes. Das bedeutet auch, dass Hauterkrankungen häufig keine eigenständige Erkrankung sind, sondern „Ausdruck" einer Erkrankung im Organismus sind. Wenn wir nun einfach die Symptome unterdrücken, werden diese wieder auftreten, wenn die eigentliche Ursache nicht behoben ist. Was ich damit sagen möchte, ist, dass immer auch der gesamte Hundekörper betrachtet werden sollte und organische Zusammenhänge und Ursachen ausgeschlossen beziehungsweise entsprechend behandelt werden sollten. Die Haut ist das größte Organ unseres Hundes und ein wichtiger Bestandteil des Immunsystems. Sie hüllt den kompletten Organismus ein, bildet eine regelrechte Barriere gegen beispielsweise Schadstoffe und Mikroorganismen. Sie wirkt auch regulierend auf die Körpertemperatur mit ein. Zugleich ist die Haut ein wichtiges Sinnesorgan und nimmt äußere Reize wahr, genauso wie sie Signale gibt, wie beispielsweise das sich sträubende Fell des Hundes. Weiterhin ist sie am Stoffwechsel beteiligt, wie zum Beispiel dem Vitamin- und Mineralstoffwechsel, Kohlenhydrat-, Protein- und Fettstoffwechsel. Sie wirkt am Wasser- und Elektrolythaushalt mit, und auch an der Aufnahme von Sauerstoff und Ausscheidung von Kohlendioxid ist sie beteiligt.

Welche Hautprobleme können auftreten?

Zu häufigen Hauterkrankungen gehören beispielsweise trockene oder nässende Ekzeme, Hot Spots, Abszesse, Hautinfektionen durch Viren, Pilze, Bakterien oder Parasiten, Dermatitis, Analbeutelentzündungen, Ohrenentzündungen oder Erkrankungen der Pfoten und Krallen. Neben den Hauterkrankungen spielen auch die Wundbehandlung, Wundheilungsstörungen, Narbenpflege, aber auch Insektenstiche, Juckreiz durch Allergien, Druckstellen und Liegeschwielen eine große Rolle.

Deshalb habe ich dir in diesem Kapitel Zubereitungen zusammengestellt, mit denen du deinen Hund zum Beispiel bei kleineren Wunden, Ekzemen, Allergien oder Insektenstichen natürlich unterstützen kannst. Selbstredend gehört das umfassende Wundmanagement in die Hände eines Fachmenschen.

Wie kann man den Hund bei Hautproblematiken natürlich unterstützen?

Sowohl bei akuten und chronischen Hauterkrankungen – wie oben erwähnt – und akuten Geschehen wie Wunden oder Insektenstichen können wir unsere Hunde natürlich unterstützen. Wir können auf natürlichem Wege je nach Bedarf beispielsweise die Hautdurchblutung und -stoffwechsel fördern, Wunden reinigen, die Wundheilung anregen, Wundsekretion vermindern, Narben pflegen, Juckreiz lindern, Entzündungen und Schmerzen lindern. Weiterhin können wir auch Bakterien, Viren und Pilze hemmen.

Wann wird welche Zubereitung angewendet und wann ist sie tabu?

Grundsätzlich ist das Thema Hauterkrankungen und ihre Behandlung sehr komplex. Deshalb möchte ich einen kurzen Überblick darüber verschaffen, wann man welche Zubereitungen einsetzt. Tinkturen werden insbesondere in der Akutphase eingesetzt und haben einen desinfizierenden, kühlenden und reinigenden Charakter. Häufig werden darin Pflanzen verarbeitet, die adstringierend, also zusammenziehend wirken. Eingesetzt werden sie beispielsweise zur Wunddesinfektion kleinerer frischer Wunden, zur Entzündungshemmung, in akuten Phasen von Ekzemen, Insektenstichen, nach Zeckenbissen und schlecht heilenden Wunden. In der Regel werden sie verdünnt auf das zu behandelnde Areal aufgebracht. Sie dürfen nicht unverdünnt angewendet werden (außer so angegeben) und nicht auf tiefe, großflächige Wunden.

Ölauszüge werden in der Nachsorge nach der Akutphase oder auch in chronischen Phasen angewendet und eignen sich insbesondere für „trockene Geschehen" wie rissige Haut, Wunden in der Heilungsphase, zur Narbenpflege, trockene Ekzeme, bei juckender, trockener Haut aufgrund von Allergien, nach Insektenstichen oder bei Liegeschwielen. Sie sollten nicht auf stark nässende, heiße und infizierte Infektionsherde gegeben werden, da sie okklusiv wirken.

Salben sind sehr fettige Verbindungen, werden ebenfalls in der subakuten Phase angewendet und wirken häufig wundheilungsfördernd und entzündungshemmend. Sie werden zur Regeneration nach Verletzung und zur Unterstützung des Heilungsprozesses eingesetzt, zum Beispiel bei Wunden, trockenen Ekzemen, zur Pflege von Liegeschwielen oder Narben, juckender und trockener Haut. Salben wirken intensiv pflegend. Sie sollten ebenfalls nicht auf nässende, heiße und entzündete Areale gegeben werden, da sie ebenfalls verschließend wirken.

Balsame sind ebenfalls fettige Verbindungen. Allerdings sind sie etwas weniger stark verschließend als Salben. Sie werden ebenfalls in der subakuten Phase eingesetzt und dürfen keinesfalls auf nässende und entzündete Bereiche aufgebracht werden. Ihre Einsatzbereiche sind ähnlich denen der Salben.

Cremes führen Feuchtigkeit zu, ziehen schneller ein als Balsame und Salben, sind „leichter" und wirken leicht kühlend. Sie sind ideal bei nur noch leicht nässender Haut sowie in der Abheilungsphase, wenn Wirkstoffe an die Oberfläche sollen, ohne stark zu fetten. Für stark nässende und infizierte Herde sind Cremes nicht geeignet, genau wie Salben und Balsame hier tabu sind. Sie eignen sich sehr gut bei zum Beispiel der Pflege schlecht heilender Wunden nach der Akutphase, in der Nachsorge von Ekzemen oder Leckdermatitis.

Wenn Liegeschwielen sehr stark verhornt oder sehr trocken sind, empfehle ich dir zum Beispiel, eher auf eine Salbe oder ein Balsam zurückzugreifen.

Teezubereitungen und Dekokte sind wässrige Zubereitungen, die wir zum Beispiel für Spülungen bei akuten Geschehen wie zur Wundreinigung anwenden, aber auch zur wiederkehrenden, begleitenden Behandlung bei zum Beispiel Ekzemen, Leckdermatitis, schlecht heilenden Wunden oder Zwischenzehenabszessen. Sie wirken allgemein reinigend, kühlend, heilend und adstringierend.

Die individuellen Anwendungsmöglichkeiten kannst du den jeweiligen Rezepturen entnehmen. In einigen Rezepturen empfehle ich die Anwendung als Wickel, Auflage oder Kompresse. Die Anleitung zur Herstellung kannst du auf Seite 64 nachlesen.

Einzeltinkturen

Arnikatinktur – Erste Hilfe bei Insektenstichen

Die Arnika *(Arnica montana)* gehört zu den Klassikern, wenn es um die Linderung von Insektenstichen, Hämatomen oder Quetschungen der Haut und Unterhaut geht. Ihre Wirkung verdankt sie einer Vielzahl aktiver Inhaltsstoffe, insbesondere Sesquiterpenlactonen wie Helenalin, die stark entzündungshemmend und abschwellend wirken. Daneben enthält Arnika auch zum Beispiel Flavonoide, ätherisches Öl und Phenolcarbonsäuren, die Reizungen lindern und regenerierend auf die Haut wirken.

Arnika gehört zu den Pflanzen, die ausschließlich äußerlich angewendet werden dürfen.

Zubereitung: Die Herstellung erfolgt nach dem Grundrezept zur Herstellung von Tinkturen (siehe Seite 58 ff.). Für die Arnikatinktur verwendest du getrocknete Arnikablüten.

Anwendung: Die Tinktur kommt nur äußerlich zur Anwendung und darf keinesfalls auf offene Wunden oder Schleimhäute gelangen. Bei Insektenstichen wird sie verdünnt (1:5–1:10 mit Wasser) auf die betroffene Stelle aufgetupft oder als Spray aufgetragen. Ideal auch als Bestandteil in Salben, Balsamen oder Cremes.

Kamillentinktur – beruhigender Hautheiler

Die Echte Kamille *(Matricaria chamomilla)* wirkt gleich auf mehreren Ebenen auf die Haut: entzündungshemmend, keimwidrig, antibiotisch, beruhigend, lokal immunstimulierend, schmerzlindernd, wundheilungsfördernd und leicht antiseptisch. Sie enthält wertvolle Inhaltsstoffe wie etwa das ätherische Öl Bisabolol sowie Saponine, Flavonoide und Cumarine, die eine tiefenwirksame Hautheilung fördern. So kann sie etwa zur allgemeinen Wundbehandlung sowie bei gestörter Wundheilung gute Dienste leisten, genauso wie bei Krallenbettentzündungen, Furunkeln, Abszessen, Maul- und Zahnfleischentzündungen oder nässenden Ekzemen.

Zubereitung: Die Kamillentinktur wird nach dem Grundrezept auf Seite 58 ff. zubereitet. Verwendet werden frische oder getrocknete Blütenköpfchen.

Anwendung: Verdünnt (1:4 mit abgekochtem Wasser) kann die Tinktur mehrmals täglich aufgesprüht oder aufgetupft werden. Sie eignet sich auch hervorragend als Zusatz in Cremes, Salben oder Balsamen.

Gänseblümchentinktur – sanfte Unterstützung bei kleinen Wunden, juckenden Ekzemen und Insektenstichen

Wusstest du, dass Gänseblümchen bei Insektenstichen und kleineren Verletzungen auch als „pure Pflanze", leicht zwischen den Fingern zerrieben und dann auf den betroffenen Bereich aufgelegt, wie ein natürliches Pflaster wirkt?

Das Gänseblümchen *(Bellis perennis)* zeigt als typisches „Wundkraut" bei kleineren Wunden, juckenden Ekzemen, entzündeten Wunden oder Insektenstichen seine entzündungshemmende, blutstillende, juckreizlindernde, abschwellende und beruhigende Wirkung. Die Tinktur enthält eine Vielzahl an hautaktiven Inhaltsstoffen: ätherisches Öl, Saponine, Flavonoide, Polyphenole sowie Gerbstoffe. Diese fördern die Wundheilung, lindern Juckreiz und helfen dabei, Schwellungen, Entzündungen und Reizungen rasch abklingen zu lassen.

Extra-Wissen:

Das Gänseblümchen wurde traditionell auch als „kleine Arnika" bezeichnet – wegen seiner erstaunlich vielseitigen Wirkung, aber mit sanfterem Profil. Ideal für empfindliche Hundehaut oder bei leichtem Juckreiz.

Zubereitung: Die Tinktur wird nach dem Grundrezept für Tinkturen auf Seite 58 ff. hergestellt. Verwendet werden frische oder getrocknete Blütenköpfchen.

Anwendung: Die Gänseblümchentinktur kann mit Wasser verdünnt (1:4) aufgesprüht oder aufgetupft werden. Auch als Zusatz in Salben, Balsamen oder Cremes macht sie sich hervorragend.

Ringelblumentinktur – sanfte Helferin bei Wunden, Ekzemen und gereizter Haut

Die Ringelblume *(Calendula officinalis)* ist eine der bewährtesten Pflanzen zur Wundreinigung und -pflege – und das nicht ohne Grund. Sie wirkt entzündungshemmend, wundheilungsfördernd, antibakteriell, antiviral, lymphflussanregend, immunstimulierend, granulationsfördernd und abschwellend. Die Tinktur eignet sich hervorragend zur Wundreinigung, bei Wundheilungsstörungen, bei Haut- und Ballenverletzungen wie kleineren Schnitt-, Riss- und Bisswunden, akuten und chronischen Hautinfektionen, Ekzemen, Hautpilz, Abszessen in der Heilungsphase, Furunkeln, Gesäugeentzündungen und Analekzemen.

Das Image der Ringelblume ist völlig zu Unrecht „verstaubt". Für mich ist sie ein „Evergreen" und unverzichtbar zur Unterstützung bei der Wundheilung und Pflege.

Die Ringelblume ist reich an unter anderem Triterpenen, Saponinen, Flavonoiden, Carotinoiden, Glykosiden und ätherischem Öl, die gemeinsam die Neubildung von Hautzellen fördern, Entzündungen lindern und die Abwehrkräfte der Haut stärken.

Zubereitung: Die Tinktur wird nach dem Grundrezept auf Seite 58 ff. hergestellt. Verwendet werden frische oder getrocknete Zungenblüten der Ringelblume.

Anwendung: Verdünnt (1:5) eignet sich die Tinktur zur Reinigung und Pflege betroffener Hautbereiche, entweder aufgetupft oder als Spray. Auch als Bestandteil von Salben, Cremes oder Balsamen kann sie weiterverarbeitet werden.

Schafgarbentinktur – entzündungshemmend und heilungsfördernd bei nässenden Ekzemen und schlecht heilenden Hautarealen

Die Schafgarbe *(Achillea millefolium)* gilt als „Wundheilerin mit Biss" – sanft zur Haut, aber kraftvoll in der Wirkung. Gerade bei Hunden, die unter Haut- und

Schleimhautverletzungen, nässenden Ekzemen und schlecht heilenden Wunden leiden, kann sie ein echter Gamechanger sein. In der Schafgarbe stecken hochwirksame Inhaltsstoffe wie ätherische Öle (u. a. Chamazulen), Flavonoide und Gerbstoffe, die gemeinsam entzündungshemmend, antibakteriell, adstringierend, wundheilend und blutstillend wirken. Gerade wenn Wunden sich schlecht schließen, entzündet sind oder ein Ekzem nicht abheilt, hilft die Schafgarbe, das Gewebe zu beruhigen und die Heilung anzuregen.

Zubereitung: Die Tinktur wird nach dem Grundrezept zur Tinkturherstellung auf Seite 58 ff. hergestellt. Dafür werden das frische oder getrocknete Kraut (Blüten, Blätter und Stängel) verwendet.

Anwendung: Verdünnt (z. B. 1:5 mit Wasser) kann die Schafgarbentinktur mehrmals täglich aufgetupft oder aufgesprüht werden. Auch als Bestandteil in Balsamen, Salben oder Cremes ist sie eine wertvolle Komponente.

Gundermanntinktur - tiefenwirksamer „Underdog" bei Hot Spots und Ekzemen

Gundermann *(Glechoma hederacea)* zählt zu den besonders kraftvollen, aber oft übersehenen Pflanzen - gerade, wenn es um langwierige Hautprobleme oder heilende Wunden geht. Seine Tinktur wirkt lokal stoffwechselanregend, entzündungshemmend, adstringierend, antibakteriell und geweberegenerierend - ideal bei nässenden Ekzemen oder Abszessen in der Heilungsphase.

Die Hauptwirkstoffe in Gundermann sind unter anderem ätherisches Öl, Gerbstoffe und Saponine. Diese Kombination entfaltet eine zusammenziehende Wirkung im Gewebe, unterstützt aber gleichzeitig die Regeneration und wirkt lindernd bei hartnäckigen Hautirritationen.

Oft als „Unkraut" weggerupft, wird der Gundermann unglaublich unterschätzt und kann auch bei Hautproblemen wie Ekzemen sehr gut eingesetzt werden.

Zubereitung: Die Tinktur wird nach dem Grundrezept zur Tinkturherstellung auf Seite 58 ff. zubereitet. Verwendet werden frische Gundermann-Blätter.

Anwendung: Verdünnt mit Wasser (1:5) kann die Tinktur äußerlich mehrmals täglich aufgesprüht oder aufgetupft werden. Auch als Zusatz in Salben und Balsamen kann die Tinktur weiterverarbeitet werden.

> ### *Extra-Wissen:*
> *Gundermann war schon in der Klostermedizin für seine Fähigkeit bekannt, „altes Krankes aus dem Gewebe zu ziehen". Eine Pflanze, die tief greift – und dabei hautfreundlich bleibt.*

Propolistinktur – kraftvolle Bienenpower bei Hot Spot, Zeckenbiss & Co.

Propolis ist ein wahres Multitalent, wenn es um Wundheilung und Regeneration der Haut geht. Die Propolistinktur kommt besonders dann zum Einsatz, wenn es um die allgemeine Wundheilung geht, die Behandlung schlecht heilender Wunden, entzündeter Hautareale oder infektiöser Hautprobleme – ganz gleich, ob durch Bakterien, Pilze oder Viren verursacht. Dank ihrer starken Wirkung ist es besonders hilfreich bei etwa Ekzemen, Leckdermatitis, bei Zeckenbissen oder Hefepilzinfektionen. Übrigens wirkt Propolis auch analgetisch und wird daher gern auch bei Maul- und Zahnproblematiken eingesetzt. Der hohe Gehalt an unter anderem Harzen, Flavonoiden, Phenolen, ätherischen Ölen, Polysacchariden und Lignanen verleiht Propolis seine stark antibakterielle, antimykotische, antivirale und entzündungshemmende Wirkung. Zudem wirkt es lokal immunstärkend. Zugleich unterstützt Propolis die Zellneubildung und wirkt lindernd bei gereizter oder strapazierter Haut.

Zubereitung: Die Herstellung der Propolistinktur erfolgt nach dem Grundrezept auf Seite 58 ff. Wichtig: Um die Inhaltsstoffe aus der Propolis zu lösen, bedarf es 70 %igem Alkohol. Das Propolis sollte gut zerkleinert werden, bevor du es in den Alkohol zum Auszug gibst.

Anwendung: Verdünnt (z. B. 1:5 mit Wasser) kann die Tinktur mehrmals täglich aufgetupft oder aufgesprüht werden. Wichtig: Nach dem Auftragen brennt Propolis zunächst etwas, bevor es seine analgetische Wirkung entfaltet.

In Balsamen, Cremes und Salben verarbeitet, lässt sich die Tinktur ebenso wirkungsvoll anwenden.

Echinaceatinktur – natürliche, lokale Immunstimulation für entzündete und infektanfällige Haut

Der Sonnenhut *(Echinacea purpurea)* ist vor allem als pflanzliches Immunstimulans bekannt, was wir uns auch lokal

Propolistinktur sollte in keiner Hausapotheke fehlen, denn sie kann vielseitig eingesetzt werden. So wirkt sie auch bei Wund- und Hautproblemen antibakteriell, antimykotisch und antiviral.

äußerlich angewendet zunutze machen können. Er eignet sich hervorragend zur lokalen Unterstützung der Immunabwehr bei entzündeten oder gereizten Hautstellen wie Ekzemen, zur Wundheilung auch bei älteren, schlecht heilenden Wunden, bei Bissverletzungen, heilenden Abszessen oder Krallenbettentzündungen.

Echinacea wirkt durch ihre Inhaltsstoffe wie etwa Alkamide, Polyine, Flavonoide, Kaffeesäurederivate (v. a. Cichoriensäure), Polysaccharide und ätherisches Öl antibiotisch, keimhemmend, wundheilend, antiinfektiös, entzündungshemmend und immunmodulierend. Besonders dann, wenn Hautareale immer wieder zu Infektionen oder Entzündungen neigen oder schlecht heilen, kann Echinacea helfen, die Abwehrmechanismen vor Ort zu aktivieren und den Heilungsverlauf positiv zu beeinflussen.

Zubereitung: Die Herstellung erfolgt nach dem Grundrezept für Tinkturen auf Seite 58 ff. Verwendet wird das getrocknete oder frische Kraut der Echinacea purpurea.

Anwendung: Verdünnt mit Wasser im Verhältnis 1:5 eignet sich die Tinktur zur äußerlichen Anwendung, mehrmals täglich aufgetupft oder aufgesprüht auf das betroffene Hautareal. Auch in Salben, Cremes und Balsamen kannst du sie einarbeiten.

Tinkturmischungen

Blutstopptinktur – natürliche Soforthilfe bei kleineren Blutungen und verletzter Haut

Diese kraftvolle Tinkturmischung findet sicher einen Platz in deiner Hundehausapotheke: Sie kombiniert vier natürliche Helfer mit ausgeprägten blutstillenden, entzündungshemmenden und wundheilungsfördernden Eigenschaften: Blutwurz *(Potentilla erecta)* mit ihren stark adstringierenden Gerbstoffen, Propolis mit seiner antimikrobiellen, immunstimulierenden und wundheilenden Wirkung, Schafgarbe, die entzündungshemmend und gewebestärkend wirkt, sowie Hirtentäschel *(Capsella bursa-pastoris)*, das traditionell zur Blutstillung eingesetzt wird.

Die Blutstopp-Tinktur stillt nicht nur kleinere Blutungen, sondern hemmt auch Entzündungen, zum Beispiel nach einem Zeckenbiss.

Diese Mischung ist besonders hilfreich bei kleineren Schnitt- oder Schürfwunden, Blutungen nach Zeckenbissen oder leichten Verletzungen, wie sie beim Toben im Gelände schnell passieren können. Übrigens kannst du sie auch bei Parodontose und Zahnfleischentzündungen anwenden.

Zubereitung: Die Herstellung erfolgt nach dem Grundrezept für Tinkturen auf Seite 58 ff. Ich empfehle dir die Verwendung eines 70 %igen Alkohols, damit die Inhaltsstoffe aus der Propolis und der Blutwurz ausgezogen werden. Alternativ kannst du Hirtentäschel und Schafgarbe mit 30–40 % Alkohol ansetzen. Propolis und Blutwurz solltest du in 70 %igem Alkohol ansetzen. Nach der Auszugszeit und dem Abfiltern vermischst du beide Ansätze 1:1 miteinander.

Extra-Wissen:

Diese Tinktur sollte unbedingt Teil der natürlichen Notfallapotheke für deinen Hund sein. Sie vereint nicht nur schnelle Blutstillung, sondern auch Infektionsschutz und Förderung der Hautregeneration.

Anwendung: Die Blutstopptinktur kann 1:5 mit Wasser verdünnt auf die betroffenen Areale aufgetupft oder aufgesprüht werden. Sie eignet sich auch als Bestandteil für wundheilungsfördernde Salben oder Balsame.

Wundtinktur – Kamille, Ringelblume, Schafgarbe

Diese Tinktur eignet sich hervorragend als universelle Erste-Hilfe-Tinktur für die Hausapotheke des Hundes – besonders dann, wenn es um kleinere Verletzungen oder akute Hautirritationen geht. Sie wirkt nicht nur heilungsfördernd, sondern auch beruhigend auf juckende oder schmerzende Haut. Prima geeignet, um sie nach der Blutstopptinktur aufzutragen. Die Mischung vereint drei klassische Pflanzen für die Wundheilung: Kamille mit ihrer entzündungshemmenden, immunstimulierenden, beruhigenden und leicht antiseptischen Wirkung. Ringelblume, die stark wundheilungsfördernd, antibakteriell und geweberegenerierend wirkt. Sowie Schafgarbe, die adstringierend, blutstillend und entzündungshemmend unterstützt.

Die drei Pflanzen dieser Tinktur bieten eine rundum Erstversorgung von kleineren Wunden, aber auch Ekzemen, indem sie antiseptisch wirken, adstringierend, regenerierend und wundheilungsfördernd.

Gemeinsam sind sie ein unschlagbares Team bei Schürfwunden, kleinen Schnitten, nässenden Ekzemen oder entzündlichen Hautstellen beim Hund, wenn nach der Erstversorgung die Wundheilung angegangen werden soll. Die Tinktur lindert Entzündungen, fördert die Regeneration und Infektabwehr der Haut, ohne die empfindlichen Strukturen zu reizen.

Zubereitung: Die Herstellung der Tinktur erfolgt nach der Anleitung auf Seite 58 ff. Du verwendest frische oder getrocknete Blütenköpfe der Kamille, Zungenblüten der Ringelblume und das frische oder getrocknete Kraut der Schafgarbe zu gleichen Teilen.

Anwendung: Verdünnt mit Wasser im Verhältnis 1:5 kann die Wundtinktur auf kleine Wunden, gereizte oder entzündete Hautpartien aufgetupft oder aufgesprüht werden – geht auch als Bestandteil einer selbst gemachten Wundsalbe.

Ölauszüge

Gänseblümchen-Ölauszug – sanfte Pflege für rissige Pfotenballen und trockene Ekzeme

Auch in einem Ölauszug lässt sich das Gänseblümchen *(Bellis perennis)* für die Anwendung auf der Haut verarbeiten. Der Ölauszug aus den Blüten wirkt beruhigend, entzündungshemmend und leicht abschwellend und ist damit ideal geeignet, um etwa bei trockenen Ekzemen oder rissiger Haut oder Pfotenballen sanft zu unterstützen.

Zubereitung: Der Ölauszug wird nach dem Grundrezept zur Herstellung von Ölauszügen auf Seite 35 ff. hergestellt. Dafür werden die frischen oder getrockneten Gänseblümchenblüten verwendet.

Anwendung: Das Gänseblümchenöl kann pur aufgetragen oder als Grundlage für Pflegebalsame, Salben oder beruhigende Cremes verwendet werden – auch bei empfindlichen Hunden sehr gut verträglich.

Auch wenn das Gänseblümchen als die „kleine Arnika" bezeichnet wird, steht sie ihr in ihrer Wirkung in nichts nach. Ist dir schon mal aufgefallen, dass Gänseblümchen sich immer wieder aufrichten, wenn sie von uns Menschen achtlos „plattgetreten" werden?

Kamille-Gänseblümchen-Ölauszug – sanfte Intensivpflege für empfindliche und gereizte Haut

Kamille und Gänseblümchen ergänzen sich perfekt in ihrer Wirkung. Während Kamille zum Beispiel keimwidrig, entzündungshemmend und antibiotisch wirkt, bringt das Gänseblümchen juckreizlindernde, stoffwechselanregende und blutreinigende Eigenschaften mit ein. Die Mischung eignet sich besonders zur Pflege von empfindlicher, leicht gereizter oder chronisch trockener Haut, bei trockenen Ekzemen, Hautrötungen oder Reizungen durch Umweltfaktoren und allergischen Hautreaktionen und auch bei gestörter Wundheilung. Anwenden kannst du das Öl auch bei Reizungen der Haut und Pfoten durch Gräser, Insektenstiche oder trockene Heizungsluft.

Zubereitung: Die getrockneten oder frischen Blüten von Kamille und Gänseblümchen werden zu gleichen Teilen gemischt und nach dem Grundrezept auf Seite 35 ff. ausgezogen.

Anwendung: Der Ölauszug kann pur auf empfindliche Hautstellen aufgetragen oder in Balsamen, Cremes oder Pfotenschutzsalben eingearbeitet werden.

Ringelblumen-Ölauszug – bewährte Hilfe zur Narbenpflege oder bei Liegeschwielen

Die Ringelblume *(Calendula officinalis)* ist eine der wichtigsten Pflanzen für die Haut und kann vielfältig bei Hautverletzungen und -erkrankungen eingesetzt werden. In einem Ölauszug verarbeitet, eignet sich die Ringelblume besonders zur Narbenpflege oder bei Liegeschwielen. Detaillierte Informationen zur Wirkweise der Ringelblume findest du auf Seite 176.

Zubereitung: Der Ölauszug wird nach dem Grundrezept auf Seite 35 ff. hergestellt. Verwendet werden frische oder getrocknete Zungenblüten der Ringelblume.

Anwendung: Das fertige Ringelblumenöl kann pur auf die Haut aufgetragen oder als Grundlage für Salben, Balsame oder Cremes eingesetzt werden.

Die Zungenblüten der Ringelblume in einem hochwertigen Öl wie Olivenöl ausgezogen, wirken bei kleineren Verletzungen und auch Hautproblemen entzündungshemmend und regenerierend.

Schafgarben-Ölauszug – regenerierende Pflege zur Wundheilung und bei atopischer Dermatitis

Der Ölauszug aus der Schafgarbe eignet sich sehr gut, um die Wundheilung bei der sich schließenden Wunde zu unterstützen. Sie entfaltet eine entzündungshemmende, antiseptische, juckreizstillende und regenerationsfördernde Wirkung. Aber auch bei atopischer Dermatitis, trockenen Ekzemen, chronischen Reizungen ist der Schafgarben-Ölauszug ein wertvoller Begleiter. Detaillierte Informationen zur Schafgarbe kannst du nachlesen auf Seite 176.

Zubereitung: Der Ölauszug wird nach dem Grundrezept auf Seite 35 ff. hergestellt. Verwendet wird das frische oder getrocknete Kraut der Schafgarbe.

Anwendung: Das Öl wird pur auf die Haut aufgetragen oder als Bestandteil in Cremes, Salben oder Balsamen verwendet.

Lavendel-Ölauszug – juckreizlindernde, entspannende Wund- und Narbenpflege

Der Echte Lavendel *(Lavandula angustifolia)* ist bekannt für seine beruhigende, entzündungshemmende und antimikrobielle Wirkung. Als Ölauszug entfaltet er seine Qualitäten besonders sanft und ist daher auch für empfindliche Hundehaut geeignet. Der Auszug eignet sich hervorragend zur Pflege kleiner sich schließender Wunden, um die Heilung zu unterstützen, bei Hautpilzen, Insektenstichen oder Juckreiz. Wirkstoffe wie Linalool, Linalylacetat und Flavonoide wirken hautberuhigend, ausgleichend und leicht antiseptisch. So unterstützt Lavendelöl die natürliche Wundheilung und lindert Juckreiz.

Zubereitung: Der Ölauszug wird nach dem Grundrezept auf Seite 35 ff. hergestellt. Verwendet werden frische oder getrocknete Lavendelblüten.

Extra-Wissen:

Der sanfte Duft des Lavendels wirkt nicht nur auf die Haut, sondern auch über die Sinne. Er kann gestressten oder nervösen Hunden helfen, zur Ruhe zu kommen – zum Beispiel bei Hautproblemen mit psychosomatischem Hintergrund oder bei Hunden, die zu Nervosität und Kratzen neigen.

Lavendel wirkt nicht nur wundheilungsfördernd und beruhigend auf die Haut, sondern lindert auch Juckreiz.

Anwendung: Lavendelöl eignet sich zur direkten Anwendung auf kleinen Wunden im Heilungsprozess, Insektenstichen, Reizungen oder juckenden Hautpartien. Es kann pur verwendet oder in beruhigende Balsame, Pflegecremes oder Wundheilungssalben eingearbeitet werden.

Anti-Zecken-Öl mit Lavendel - sanfter Schutz gegen lästige Zecken

Diese Mischung vereint die hautpflegenden und repellenten Eigenschaften von Kokosöl und Schwarzkümmelöl mit den beruhigenden, insektenabweisenden Kräften der Lavendelblüte. Ideal zur täglichen Anwendung in der Zeckensaison.

Wirkweise:

- Kokosöl: enthält Laurinsäure – wirkt zecken- und insektenabweisend
- Schwarzkümmelöl: pflegt die Haut, wirkt entzündungshemmend und schwächt Zeckenbefall ab
- Lavendelblüten: wirken beruhigend, leicht antiseptisch und halten Insekten auf Abstand

Zutaten für ca. 100 ml:

- 50 ml Kokosöl
- 40 ml Schwarzkümmelöl
- 2 EL frische oder getrocknete Lavendelblüten

Zubereitung: Die frischen oder getrockneten Lavendelblüten werden nach dem Ölauszugs-Grundrezept auf Seite 35 ff. im Ölgemisch ausgezogen.

Optional nach dem Abseihen: 3–5 Tropfen ätherisches Lavendelöl (für verstärkten Effekt, nur bei guter Verträglichkeit)

Extra-Tipp:

Dieses Öl eignet sich auch hervorragend zur Pflege der Pfoten oder empfindlicher Hautpartien, wenn Hunde von Gräsern, Insekten oder Pollen gereizt reagieren.

Anwendung: Wenige Tropfen auf die Handflächen geben und sanft auf Hals, Brust, Beine und Bauchbereich des Hundes einmassieren. Anwendung vor den Spaziergängen.

Johanniskraut-Ölauszug

Im Kapitel Unterstützung für den Bewegungsapparat hast du das Johanniskrautöl schon zum Einsatz am Bewegungsapparat kennengelernt. Wie du es herstellst, erfährst du auf Seite 35 ff. Auch auf der Haut kannst du es sehr gut einsetzen. Sowohl zur Pflege von Wunden in der Heilung, zur Narbenpflege, bei trockenen Ekzemen, Hautpilzen und leichten Verbrennungen eignet sich das Öl hervorragend. Auf die Haut wirkt es entzündungshemmend und antibakteriell. Sogar gegen stark resistente Keime ist es wirksam.

Löwenzahn regt nicht nur innerlich den Stoffwechsel an, sondern kann auch in einer Salbe verarbeitet lokal den Stoffwechsel stimulieren und die Gewebsregeneration anregen.

Salben, Balsame und Cremes zur Hautpflege

Löwenzahnsalbe - lokale Stoffwechselankurbelung für eine bessere Heilung

Gerade bei Hunden mit trockenen Ekzemen oder schlecht heilenden Wunden kann eine Löwenzahnsalbe gute Dienste leisten, da wir lokal den Stoffwechsel ankurbeln und die Regeneration des Gewebes fördern. Zugleich wirkt sie direkt am Ort des Geschehens leicht immunstimulierend. Auch bei gestautem Gewebe, wie es etwa nach Prellungen oder lymphatischen Stauungen vorkommt, kann die Salbe angewendet werden. Um in dieser Salbenzubereitung auch von den wertvollen Bitterstoffen des Löwenzahns zu profitieren, empfehle ich dir, eine kleine Menge Löwenzahntinktur mitzuverarbeiten. Weitere Informationen zum Löwenzahn und seiner Wirkung auf den Organismus findest du auf Seite 86.

Zutaten für ca. 100 ml Salbe:

- 100 ml Löwenzahn-Ölauszug (Herstellung siehe Seite 35 ff.)
- 5–15 g Bienenwachs (je nach gewünschter Festigkeit)

Optional:

- 4–12 ml Löwenzahntinktur – die Menge ist abhängig davon, ob du Lanolin hinzugibst (Herstellung siehe Seite 58 ff.)
- 10 g Lanolin

Herstellung: Die Salbe wird nach dem Grundrezept auf Seite 43 zubereitet.

Anwendung: Die Löwenzahnsalbe kannst du ein- bis zweimal täglich dünn auftragen.

> *Extra-Wissen:*
>
> *Der Löwenzahn wird in der Volksheilkunde traditionell bei Lymphstauungen oder stoffwechselbedingten Hautproblemen eingesetzt – diese Salbe kann also besonders bei Hunden mit schlechter Hautdurchblutung oder Gewebsveränderungen (auch im Alter) hilfreich sein.*

Schafgarbensalbe – Sanfte Unterstützung zur Abheilung von Ekzemen und bei atopischer Dermatitis

Die Schafgarbe hast du bereits in verschiedenen Anwendungsformen, zum Beispiel zur akuten Wundbehandlung, zur Anwendung bei schlecht heilenden Wunden und Abszessen kennengelernt und auch zur Unterstützung von nässenden und trockenen Ekzemen. In einer Salbe verarbeitet, kann sie in der subakuten Phase die Abheilung von schlecht heilenden Wunden, trockenen Ekzemen oder auch bei einer atopischen Dermatitis mit ihrer entzündungshemmenden, adstringierenden und wundheilungsfördernden Wirkung punkten. Wichtig: Die Salbe darf nicht auf stark nässenden oder akut entzündeten Stellen gegeben werden. Durch die optionale Zugabe der Schafgarbentinktur werden in der Salbe zusätzlich noch wasser- und alkohollösliche Pflanzeninhaltsstoffe mitverarbeitet.

Weitere Informationen zur Wirkweise der Schafgarbe auf die Haut findest du auf Seite 176.

Zutaten für ca. 100 ml Salbe:

- 100 ml Schafgarben-Ölauszug (Herstellung siehe Seite 35 ff.)
- 5–15 g Bienenwachs (je nach gewünschter Festigkeit)

Optional:

- 4–12 ml Schafgarbentinktur – die Menge ist abhängig von der Zugabe von Lanolin (Herstellung siehe Seite 58 ff.)
- 10 g Lanolin

Herstellung: Die Zubereitung erfolgt nach dem Grundrezept für Salben auf Seite 43.

Anwendung: Die Salbe kann ein- bis zweimal täglich auf betroffene Hautstellen aufgetragen werden.

Vogelmieresalbe - sanfte Hilfe bei Juckreiz und irritierter Haut

Die unscheinbare Vogelmiere *(Stellaria media)* ist ein wahres Juwel unter den Wildkräutern, wenn es um die Pflege und Beruhigung der Haut geht, und als „grünes Cortison" bekannt – wegen ihrer schnellen lindernden Wirkung auf gereizte, entzündete und juckende Haut.

Sie enthält zum Beispiel Flavonoide, Saponine, Cumarine und Gerbstoffe sowie Kieselsäure, ätherisches Öl und Mineralstoffe. Ihre entzündungshemmenden, kühlenden und reizlindernden Eigenschaften werden gerne zur Unterstützung der Haut genutzt. In dieser Salbe verarbeitet, eignet sie sich hervorragend zur Unterstützung bei juckenden Ekzemen (in der subakuten Phase, d. h. nicht mehr nässend), Insektenstichen, zur Nachbehandlung von Zeckenbissen, trockenen, rissigen oder schuppigen Hautstellen und allergischen Hautreaktionen.

Zutaten für ca. 100 ml Salbe:

- 100 ml Vogelmiere-Ölauszug (Herstellung siehe Seite 35 ff.)
- 5–15 g Bienenwachs (je nach gewünschter Festigkeit)

Die Vogelmiere ist unscheinbar und wird oft als „Unkraut" bezeichnet. Dabei eignet sie sich durch die cortisonähnliche Wirkung bei juckenden Ekzemen.

Optional:
- 4–12 ml Vogelmieretinktur – Menge abhängig davon, ob Lanolin zugegeben wird (Herstellung siehe Seite 58 ff.) – ergänzt die Wirkung durch alkohollösliche Pflanzenstoffe
- 10 g Lanolin – schützt die Hautbarriere zusätzlich

Herstellung: Gefertigt wird die Salbe nach dem Grundrezept auf Seite 43 ff.

Anwendung: Die Vogelmieresalbe kann mehrmals täglich auf die betroffenen Hautareale aufgetragen werden.

Heil- und Wundsalbe – sanfte Unterstützung bei kleinen Verletzungen

Diese Heil- und Wundsalbe ist ein vielseitiger Begleiter im Alltag mit Hund – ob bei kleinen Schürfwunden und anderen oberflächlichen Verletzungen, rissigen, trockenen Hautstellen, Insektenstichen oder Reizungen, und sollte in jeder Hunde-Hausapotheke vorrätig sein. Die Kombination aus Schafgarbe, Vogelmiere und Ringelblume vereint antibakterielle, entzündungshemmende und regenerierende Eigenschaften in einer sanften, gut verträglichen Salbe. Schafgarbe wirkt adstringierend, antibakteriell, wundheilend und schmerzlindernd. Die Ringelblume fördert die Granulation, wirkt lokal immunstimulierend und wundheilungsfördernd. Die Vogelmiere lindert Juckreiz und kurbelt lokal den Stoffwechsel an. Durch die Propolistinktur, die du optional noch hinzufügen kannst, kannst du zusätzlich noch einmal ein zügiges und schmerzfreies Abheilen unterstützen.

Zutaten für ca. 100 ml Salbe:
- 100 ml Ölauszug zu gleichen Teilen aus Ringelblume, Schafgarbe und Vogelmiere (Herstellung siehe Seite 35 ff.)
- 5–15 g Bienenwachs (je nach gewünschter Festigkeit)

Optional:
- 4–12 ml Propolistinktur – Menge abhängig davon, ob Lanolin zugegeben wird (Herstellung siehe Seite 58 ff.)
- 10 g Lanolin

Herstellung: Zubereitet wird die Salbe nach dem Grundrezept auf Seite 43 ff.

Anwendung: Die Salbe wird ein- bis zweimal täglich dünn auf die betroffenen Stellen aufgetragen.

Harzsalbe – natürliche Zugsalbe bei Dornen und Splittern

Nadelbaumharz von Fichte, Tanne, Lärche oder Kiefer entfaltet in dieser Salbe seine ganze Kraft: entzündungshemmend, antibakteriell, durchblutungsfördernd und vor allem „ziehend“. Es unterstützt dabei, Fremdkörper wie Splitter, Grannen oder Dorne aus der Haut zu lösen, und wirkt gleichzeitig regenerierend bei entzündeten, schlecht heilenden Hautarealen. Auch bei entzündeten Zwischenzehenbereichen oder kleinen Abszessen kann die Harzsalbe eine wohltuende Linderung verschaffen.

Zutaten für ca. 100 ml Salbe:

- 80 ml Harz-Ölauszug (Herstellung siehe Seite 35 ff.) – du verwendest etwa 25–30 g Harz von Fichte, Tanne, Lärche oder Kiefer
- 5–15 g Bienenwachs (je nach gewünschter Festigkeit)

Optional:

- 4–8 ml Propolistinktur (Herstellung siehe Seite 58 ff.) – verstärkt die antimikrobielle Wirkung

Zubereitung: Die Salbe wird nach dem Grundrezept auf Seite 43 ff. hergestellt.

Anwendung: Die Harzsalbe wird ein- bis zweimal täglich dünn auf die betroffene Hautstelle aufgetragen. Die Salbe bitte nicht auf offene Wunden auftragen.

> ***Extra-Wissen:***
> *Das Harz von Fichte & Co. enthält natürliche Harzsäuren und Terpene, die die lokale Durchblutung fördern und die Haut zur Ausscheidung von Fremdkörpern anregen.*

Balsame

Spitzwegerichbalsam – lindernd bei Insektenstichen, Juckreiz und kleineren Hautverletzungen

Der Spitzwegerich *(Plantago lanceolata)* bewährt sich besonders bei gereizter, juckender oder verletzter Haut. Seine Inhaltsstoffe – darunter Schleimstoffe, Gerbstoffe, Iridoidglykoside (wie Aucubin), Flavonoide, Cumarine und Kieselsäure – wirken reizlindernd, antibakteriell, wundheilend und juckreizstillend. Besonders hilfreich ist er bei Insektenstichen, kleineren Abschürfungen, allergischen Reaktionen oder rissiger Haut.

In diesem Balsam verwenden wir einen Spitzwegerich-Ölauszug als Basis, ergänzt durch pflegende Fette wie Kokosöl oder Sheabutter, die die Haut beruhigen und vor Austrocknung schützen. Optional kann auch eine Spitzwegerich-Tinktur beigefügt werden, um alle Inhaltsstoffe des Spitzwegerichs zu nutzen.

Zutaten für ca. 100 ml:

- 55 ml Spitzwegerich-Ölauszug (siehe Herstellung Seite 35 ff.)
- 5–10 g Bienenwachs (je nach gewünschter Festigkeit)
- 40–50 ml Fett (z. B. Kokosöl, Sheabutter oder Kakaobutter)

Optional:
- 4–8 ml Spitzwegerichtinktur (siehe Herstellung Seite 58 ff.)

Herstellung: Die Herstellung erfolgt nach dem Grundrezept für Balsame auf Seite 46 ff.

Anwendung: Je nach Bedarf ein- bis mehrmals täglich auf betroffene Hautstellen auftragen.

Ringelblumenbalsam - bewährte Hilfe für die Regeneration von Wunden, Ekzemen und rissiger Haut

Die Ringelblume (Calendula officinalis) ist eine klassische Pflanze für Haut und Schleimhäute. Ihre Inhaltsstoffe wie Triterpensaponine, Flavonoide, Carotinoide und ätherische Öle entfalten eine entzündungshemmende, wundheilungsfördernde und antimikrobielle Wirkung. Mit dem Balsam kannst du die Abheilung von Wunden und Ekzemen in der subakuten Phase unterstützen und so von der granulationsfördernden Wirkung der Ringelblume profitieren. Auch zur Narbenpflege und bei Liegeschwielen und atopischer Dermatitis kannst du mit dem Ringelblumenbalsam unterstützen.

In diesem Balsam nutzen wir die Kraft eines Ringelblumen-Ölauszugs, ergänzt durch schützende Fette wie Kokosöl oder Sheabutter, die die Hautbarriere stabilisieren. Optional kann eine kleine Menge Ringelblumentinktur zugegeben werden, um auch die alkohollöslichen Wirkstoffe der Pflanze einzubringen.

Die Ringelblume, verarbeitet in einem Balsam, ist besonders wirkungsvoll durch die verarbeiteten, intensiv pflegenden Fette wie etwa Kokosfett oder Sheabutter.

Weitere Informationen zur Ringelblume und ihrer Wirkung auf die Haut findest du auf Seite 176.

Zutaten für ca. 100 ml:

- 55 ml Ringelblumen-Ölauszug (siehe Herstellung Seite 35 ff.)
- 5–10 g Bienenwachs (je nach gewünschter Festigkeit)
- 40–50 ml Fett (z. B. Sheabutter, Kokosöl oder Kakaobutter)

Optional:

- 4–8 ml Ringelblumentinktur (siehe Herstellung Seite 58 ff.)

Herstellung: Die Herstellung erfolgt nach dem Grundrezept für Balsame auf Seite 46 ff.

Anwendung: Ein- bis zweimal täglich dünn auf die betroffenen Hautstellen auftragen.

Extra-Wissen:

Die Ringelblume unterstützt aktiv die Gewebsregeneration und wird traditionell auch zur Vor- und Nachsorge bei Narbenbildung eingesetzt. Dank ihrer milden Wirkung ist sie auch für Welpen oder empfindliche Hundehaut hervorragend geeignet.

Kamillenbalsam – beruhigende Pflege für trockene Ekzeme und Liegeschwielen

In diesem Kamillenbalsam verbinden wir einen pflegenden Kamillen-Ölauszug mit schützenden Fetten wie Sheabutter oder Kokosöl. Optional kann etwas Kamillentinktur ergänzt werden, um das Wirkungsspektrum zu erweitern. Der Balsam eignet sich besonders zur täglichen Pflege von Liegeschwielen, trockenen Ekzemen und auch zur Narbenpflege. Auch bei schuppigen, irritierten Hautpartien oder zur Regeneration kleiner Verletzungen im Wundheilungsprozess kannst du das Balsam nutzen. Weitere Informationen zur Wirkung und Anwendung der Kamille auf die Haut findest du auf Seite 174.

Zutaten für ca. 100 ml:

- 55 ml Kamillen-Ölauszug (siehe Herstellung Seite 35 ff.)
- 5–10 g Bienenwachs (je nach gewünschter Festigkeit)
- 40–50 ml Fett (z. B. Sheabutter, Kokosöl oder Kakaobutter)

Optional:

- 4–8 ml Kamillentinktur (siehe Herstellung Seite 58 ff.)

Herstellung: Das Kamillenbalsam stellst du nach dem Grundrezept auf Seite 46 ff. her.

Anwendung: Der Kamillenbalsam wird dünn ein- bis zweimal täglich auf betroffene Hautstellen aufgetragen.

Johanniskraut-Lavendelbalsam - beruhigende Pflege bei chronisch juckenden Ekzemen und Ohrenentzündungen

Die Kombination aus Johanniskraut und Lavendel vereint zwei bewährte Pflanzen für die Haut, die sich hervorragend ergänzen. Während Johanniskraut unter anderem antientzündlich, wundheilend und regenerierend wirkt, ergänzt der Lavendel durch seine beruhigende, antimikrobielle und juckreizlindernde Wirkung. Zusätzlich pflegen die zugefügten Fette die Haut intensiv.

Dieser Balsam eignet sich besonders zur Pflege bei chronisch juckenden, nicht nässenden Ekzemen, genauso wie bei Ohrenentzündungen. Auch leichte Verbrennungen kannst du mit dem Balsam in der subakuten Nachsorge behandeln und bei schmerzenden Narben für Linderung sorgen. Weiteres Wissen zur Wirkweise von Johanniskraut findest du auf S. 154 und zum Lavendel auf S. 184.

Zutaten für ca. 100 ml:

- 55 ml Johanniskraut-Lavendel-Ölauszug, 50/50-Gemisch (s. S. 35 ff.)
- 5–15 g Bienenwachs (je nach gewünschter Festigkeit)
- 40–50 ml Fett (z. B. Kokosöl, Sheabutter oder Kakaobutter)

Optional:

- 4–12 ml Johanniskrauttinktur – je nachdem, ob Lanolin zugegeben wird (siehe Herstellung Seite 58 ff.)

Extra-Wissen:

Der beruhigende Duft des Lavendels hat zusätzlich eine angenehm entspannende Wirkung – das kann auch bei nervösen Hunden von Vorteil sein. Johanniskraut wird zudem traditionell zur Unterstützung der Zellregeneration eingesetzt.

Herstellung: Die Zubereitung des Balsams erfolgt nach dem Grundrezept für Balsame auf Seite 46 ff.

Anwendung: Ein- bis mehrmals täglich dünn auf betroffene Hautareale auftragen. Wenn du bei einer Ohrenentzündung unterstützen möchtest, dann massierst du den Balsam am Außenohr und am Innenbereich ein. Bitte nicht in den Ohrenkanal geben.

Narbenbalsam - sanfte Regeneration für empfindliches Narbengewebe

Nach Verletzungen, Operationen oder Hautentzündungen kommt es zur Bildung von Narben. Diese sollten mit Abschluss des Wundverschlusses und nach dem Fädenziehen gepflegt und geschmeidig gehalten werden. Denn nicht selten neigt Narbengewebe dazu, zu verhärten, zu spannen oder sehr empfindlich auf Berührung zu reagieren und dauerhaft Probleme zu bereiten. Der Narbenbalsam unterstützt die Hautregeneration, hält das Gewebe geschmeidig und hilft, die Hautstruktur zu harmonisieren, damit Narben fein abheilen und keine dauerhaften Beschwerden verursachen. Die Rezeptur kombiniert drei Pflanzen, die sich in ihrer Wirkung ideal ergänzen: Ringelblume wirkt zum Beispiel wundheilungsfördernd, antiödematös und entzündungshemmend. Das Johanniskraut unterstützt die Zellregeneration und beruhigt gereizte, juckende Haut und wirkt auch lokal auf die Nervenfunktion und unterstützt so die Entstörung von Narben. Gänseblümchen wirkt kühlend, gewebefestigend und stoffwechselanregend. Optional kann ätherisches Lavendelöl ergänzt werden, das nicht nur angenehm duftet, sondern auch die Regeneration und Juckreiz durch die Heilung lindert und unterstützt.

Zutaten für ca. 100 ml:

- 55 ml Ringelblumen-Johanniskraut-Gänseblümchen-Ölauszug (siehe Herstellung Seite 35 ff.). Die verwendeten Kräuter für den Ölauszug nimmst du je zu gleichen Teilen.
- 5–10 g Bienenwachs (je nach gewünschter Festigkeit)
- 40–50 ml Fett (z. B. Sheabutter oder Kokosöl)

Optional:

- 3–5 Tropfen ätherisches Lavendelöl

Herstellung: Die Herstellung erfolgt nach dem Grundrezept für Balsame auf Seite 46 ff.

Anwendung: Mehrmals täglich dünn auf die betroffene Narbe auftragen und sanft einmassieren. Der Balsam hilft, Spannungsgefühle zu reduzieren, das Gewebe weich und elastisch zu halten und unterstützt die gesunde Regeneration der Haut.

Extra-Wissen:

Die regelmäßige Anwendung in Kombination mit sanfter Massage kann auch helfen, das Narbenbild langfristig positiv zu beeinflussen. Mit einer Narbenmassage wird erst begonnen, wenn die Fäden gezogen sind und die Wunde vollständig geschlossen ist.

Pfotenbalsam – Schutz und Pflege für strapazierte Hundepfoten

Eis, Schnee, Kälte und Streusalz setzen im Winter den Pfoten unserer Hunde zu, genauso wie sie an warmen Sommertagen häufig durch heiße Untergründe strapaziert werden. Damit die Haut elastisch und widerstandsfähig bleibt und kleine Risse gar nicht erst entstehen oder schnell wieder abheilen, ist eine reichhaltige und schützende Pflege gefragt. Dieser Pfotenbalsam basiert auf einem Ringelblumen-Ölauszug, der für seine granulationsfördernden, entzündungshemmenden, regenerierenden und beruhigenden Eigenschaften bekannt ist. Ergänzt wird die Rezeptur durch feste Fette wie Sheabutter oder Kokosöl, die vor dem Austrocknen schützen, sowie Bienenwachs als natürlicher Film, der die empfindlichen Ballen wie eine unsichtbare Schutzschicht umhüllt. Die Propolistinktur bringt ihre antimikrobielle, wundheilende und zusammenziehende Wirkung mit ein – ideal zur regelmäßigen Pflege der Pfoten, aber auch bei Liegeschwielen.

Zutaten für ca. 100 ml:

- 55 ml Ringelblumen-Ölauszug (siehe Herstellung Seite 35 ff.)
- 5–10 g Bienenwachs
- 40–50 ml Fett (z. B. Sheabutter, Kakaobutter oder Kokosöl)
- 4–8 ml Propolistinktur (siehe Herstellung Seite 58 ff.)

Herstellung: Die Zubereitung erfolgt nach dem Grundrezept für Balsame auf Seite 46 ff.

Anwendung: Bei Bedarf, gern auch regelmäßig auf die Pfotenballen auftragen.

Cremes

Gänseblümchen-Kamillencreme - Nachsorge für Ekzeme

Die Creme aus Gänseblümchen und Kamille hat einen leicht kühlenden Effekt und verschafft durch ihre Textur und die Inhaltsstoffe Linderung bei der Nachpflege von Ekzemen, wenn diese nicht mehr nässen. Beide wirken beruhigend, juckreizlindernd, entzündungshemmend und fördern die Hautregeneration.

Gänseblümchen *(Bellis perennis)* enthält wertvolle Flavonoide, Gerbstoffe und ätherische Öle, die eine durchblutungsfördernde, zellregenerierende und beruhigende Wirkung entfalten.

Kamille *(Matricaria recutita)* ist reich an Chamazulen, Bisabolol und Flavonoiden, die für ihre entzündungshemmenden, wundheilungsfördernden und antimikrobiellen Eigenschaften geschätzt werden.

Weitere Informationen zur Anwendung von Kamille und Gänseblümchen auf der Haut findest du auf Seite 174 und Seite 175.

Kamille und Gänseblümchen ergeben gemeinsam angewendet eine gute, entzündungshemmende Unterstützung für die Heilung der Haut deines Hundes.

Durch die Kombination aus Ölmazerat und Tinktur schöpfen wir das volle Wirkstoffspektrum beider Pflanzen aus – fettlösliche ebenso wie alkohollösliche Inhaltsstoffe gelangen in die Hautpflegeformel.

Zutaten für ca. 100 ml Creme:

Fettphase:

- 45 ml Kamillen-Gänseblümchen-Ölmazerat (Herstellung siehe Seite 35 ff.)
- 10–20 g Lanolin anhydrid
- 4–6 g Bienenwachs
- 4–6 g Fett (z. B. Kokosöl oder Sheabutter)

Wasserphase:

- 40–45 ml Gänseblümchen-Kamillentinktur (Herstellung siehe Seite 58 ff.)

Herstellung: Die Creme wird nach dem Grundrezept zur Herstellung von Cremes auf Seite 49 ff. zubereitet.

Anwendung: Die Creme eignet sich zur täglichen Pflege und du kannst sie ein- bis zweimal täglich dünn auftragen.

Propoliscreme – Regeneration nach Krallenbettentzündungen, Abszessen, schlecht heilenden Wunden & Co.

Propolis besitzt ausgesprochen starke antimikrobielle, antivirale, entzündungshemmende, immunstärkende, schmerzlindernde, adstringierende und wundheilungsfördernde Eigenschaften. Als Propolistinktur hast du auf Seite 120 schon viel über seine Wirkweise und Anwendungsmöglichkeiten erfahren. Doch nicht nur für die akute Begleitung von Krallenbettentzündungen, Ekzemen und Abszessen und zur Wundreinigung ist Propolis einfach unschlagbar. In einer Creme verarbeitet kannst du Propolis in der subakuten Phase bei oben genannten Anwendungsmöglichkeiten der Tinktur genauso wie bei schlecht heilenden Wunden, entzündeten Hautarealen oder infektiösen Hauterkrankungen, Leckdermatitis, bei Zeckenbissen oder Hefepilzinfektionen zur Regeneration anwenden. Wichtig ist: Das Hautareal darf nicht mehr nässend sein.

Für die Herstellung dieser Creme kombinieren wir einen Ölauszug aus Propolis mit einer Propolistinktur – so vereinen wir sowohl die fettlöslichen als auch die in Alkohol löslichen Inhaltsstoffe.

> ### *Extra-Wissen:*
> *Propolis enthält mehr als 300 wirksame Substanzen, darunter Flavonoide, Polysaccharide, Lignane und ätherische Öle, deren Zusammensetzung je nach Biotop stark variieren kann.*

Zutaten für ca. 100 ml Creme:

Fettphase:
- 45 ml Propolis-Ölmazerat (Herstellung siehe Seite 35 ff.)
- 10–20 g Lanolin anhydrid
- 4–6 g Bienenwachs
- 4–6 g Fett (z. B. Kokosöl oder Sheabutter)

Wasserphase:
- 40–45 ml Propolistinktur (Herstellung siehe Seite 58 ff.) – bitte bedenke, dass für die Herstellung der Propolistinktur ein 70 %iger Alkohol nötig ist.

Herstellung: Die Creme wird nach dem Grundrezept zur Herstellung von Cremes auf Seite 49 ff. hergestellt.

Anwendung: Nach Bedarf ein- bis zweimal täglich auftragen.

Auricularia-Ringelblumen-Heilcreme – Vitalpilz- & Pflanzenpower zur Abheilung von Ekzemen, zur Unterstützung bei atopischer Dermatitis, allgemeiner Wundheilung & Co.

Der Auricularia *(Auricularia auricula-judae)*, auch Judasohr genannt, ist ein Vitalpilz, der vor allem für seine stark feuchtigkeitsbindenden, entzündungshemmenden und regenerierenden Eigenschaften bekannt ist. Er hat einen starken Bezug zur Haut und zu den Gefäßen. In Kombination mit der Wundpflanze schlechthin, der Ringelblume, ergibt sich eine hochwirksame Heilcreme. Der enthaltene Auricularia-Extrakt versorgt die Haut mit Polysacchariden, die Feuchtigkeit binden und eine schützende Barriere bilden. Gleichzeitig wirkt der Vitalpilz antioxidativ und unterstützt die Regeneration geschädigter Hautareale. Die Ringelblume sorgt mit ihren entzündungshemmenden, granulationsfördernden und wundheilungsfördernden Eigenschaften für

Nicht nur Kräuter, auch Vitalpilze wie der Auricularia lassen sich in Cremes, Balsamen oder Salben verarbeiten.

eine zusätzliche Unterstützung. Die Auricularia-Ringelblumen-Hautcreme eignet sich besonders bei etwa trockenen Ekzemen, in der subakuten Phase nässender Ekzeme, atopischer Dermatitis, trockener, gereizter oder schuppender Haut, zur Pflege von Liegeschwielen und zur allgemeinen Wundheilung in der subakuten Phase.

Zutaten für ca. 100 ml Creme:

Fettphase:
- 45 ml Ringelblumen-Ölmazerat (Herstellung siehe Seite 35 ff.)
- 10–20 g Lanolin anhydrid
- 4–6 g Bienenwachs
- 4–6 g Sheabutter

Wasserphase:
- 10 Kapseln Auricularia-Extrakt (Kapseln öffnen und Inhalt mit gut 50 ml Wasser erhitzen, 15 Minuten ziehen lassen, anschließend verbleibenden Sud verwenden)
- 20–25 ml Ringelblumentinktur (Herstellung siehe Seite 58 ff.)

Extra-Wissen:

Die Auricularia-Ringelblumen-Creme eignet sich auch zur Unterstützung bei Schmerzen des Bewegungsapparates, da sie die Durchblutung fördert, die Gefäße erweitert und den Abtransport von Schmerzstoffen unterstützt.

Herstellung: Die Creme wird nach dem Grundrezept zur Herstellung von Cremes auf Seite 49 ff. hergestellt. Der Auricularia-Sud und die Ringelblumentinktur vermischt bilden gemeinsam die Wasserphase, die du in die Fettphase gibst. Wichtig ist hier, dass der Sud aus dem Auricularia Extrakt mit der Ringelblumentinktur 40-45 ml ergibt.

Anwendung: Ein- bis mehrmals täglich auf die Haut auftragen.

Bitte nicht auf offenen Wunden und 3–5 Tage vor oder nach Operationen anwenden, da der Auricularia-Vitalpilz blutverdünnend wirkt.

Kamillen-Zink-Creme – sanfte Wund- und Heilcreme für Ekzeme & Co.

Wenn Ekzeme, Abszesse, Krallenbettentzündungen oder Wunden sich in der Heilungsphase befinden, ist der Einsatz der Kamillen-Zink-Creme hilfreich, da sie die entzündungshemmenden und beruhigenden Eigenschaften der Kamille mit der adstringierenden, wundheilenden, trocknenden Wirkung von Zinkoxid vereint. Zusätzlich wird der Juckreiz, der bei der Heilung entsteht, sanft gelindert und das Gewebe in seiner Regeneration unterstützt.

Weitere Informationen zur Kamille kannst du zusätzlich auf Seite 174 nachlesen.

Zutaten für ca. 100 ml Creme:

Fettphase:

- 45 ml Kamillenöl-Mazerat (Herstellung siehe Seite 35 ff.)
- 10–20 g Lanolin anhydrid
- 4–6 g Bienenwachs
- 4–6 g Fett (z. B. Sheabutter oder Kokosöl)

Wasserphase:

- 35–40 ml Kamillentinktur (Herstellung siehe Seite 58 ff.)

Zusatzstoff:

- 5–10 g Zinkoxid (fein gemahlen, apothekenüblich)

Herstellung: Die Creme wird nach dem Grundrezept zur Herstellung von Cremes auf Seite 49 ff. zubereitet. Das Zinkoxid wird nach dem Emulgieren in die noch warme Creme gleichmäßig eingerührt. Anschließend wie gewohnt in sterile Tiegel füllen.

Anwendung: Ein- bis zweimal täglich auf die betroffenen Bereiche auftragen.

Extra-Wissen:

Zinkoxid bildet eine schützende, leicht trocknende Schicht auf der Haut, ohne sie zu „ersticken" – ideal zur Regeneration gereizter oder leicht nässender Hautareale. Durch die Kombination mit Kamille entsteht eine Creme, die nicht nur schützt, sondern auch heilungsfördernd und entzündungshemmend wirkt.

Teezubereitungen und Dekokte für die Haut

Echinacea-Tee – lokale Stärkung der Hautabwehr bei schlecht heilenden Wunden & Hautinfektionen

Die Echinacea ist eine der bekanntesten Pflanzen zur Stärkung und Modulation des Immunsystems – nicht nur innerlich, sondern auch lokal auf der Haut. Als Tee angewendet, kann Echinacea bei kleineren, oberflächlichen Verletzungen, schlecht heilenden Wunden oder wiederkehrenden Hautinfektionen helfen, die lokalen Abwehrkräfte zu aktivieren und die Regeneration der Haut zu unterstützen. Die enthaltenen Wirkstoffe wirken lokal immunstimulierend, hemmen die Ausbreitung von Entzündungen im Gewebe und aktivieren die Wachstumsfaktoren und fördern so die Wundheilung. Sie unterstützen die Haut dabei, sich besser gegen eindringende Keime zu wehren und fördern die natürliche Barrierefunktion.

Zutaten für den Tee:

- 2 TL getrocknetes Echinacea-Kraut

Zubereitung: Der Tee wird nach dem Grundrezept zur Teezubereitung auf Seite 63 hergestellt.

Anwendung: Nach dem Abkühlen kann der Aufguss vorsichtig mit einem sauberen Tuch oder einer Kompresse auf die betroffenen Hautstellen aufgetragen oder als Spray aufgebracht werden.

Brombeerblättertee – adstringierende Kraft bei nässenden Ekzemen und entzündlichen Wunden

Die Blätter der Brombeere *(Rubus fruticosus)* sind ein echter Geheimtipp, wenn es um die natürliche Pflege entzündeter, nässender oder gereizter Haut geht. Sie enthalten einen hohen Anteil an Gerbstoffen, insbesondere Gallotannine und Ellagitannine, die eine zusammenziehende, entzündungshemmende und antibakterielle Wirkung entfalten. Der Tee hilft der Haut, sich zu beruhigen, überschüssige Feuchtigkeit zu entziehen und das Abklingen von nässenden Ekzemen und entzündeten Wunden zu fördern.

Zutaten für den Tee:

- 1–2 TL getrocknete Brombeerblätter

Zubereitung: Der Tee wird nach dem Grundrezept zur Teezubereitung auf Seite 63 hergestellt.

Anwendung: Nach dem Abkühlen kann der Tee mit einem sauberen Tuch oder als Kompresse auf die betroffenen Hautstellen aufgetragen werden. Auch als Spray kann der Tee aufgetragen werden. Die regelmäßige Anwendung kann helfen, die Heilung zu fördern und die Hautbarriere zu stabilisieren.

Schafgarbentee – zur ersten Wundversorgung bei kleineren Schnittwunden und Blutungen

Als Tee zubereitet, eignet sich die Schafgarbe sehr gut in der Versorgung von kleinen Wunden aufgrund ihrer stark blutstillenden, entzündungshemmenden und antibakteriellen Wirkung. Das macht sie zur ersten Wahl bei äußeren Verletzungen. Das in ihr enthaltene Achillein unterstützt die Blutgerinnung und stoppt den Blutfluss bei kleineren Verletzungen zuverlässig.

Zutaten für die Teezubereitung:

- 1–2 TL frisches oder getrocknetes Schafgarbenkraut

Zubereitung: Der Tee wird nach dem Grundrezept zur Teezubereitung auf Seite 63 hergestellt.

Der Tee eignet sich hervorragend zur äußerlichen Anwendung in Form von Spülungen oder Kompressen. Du kannst ihn auch als Wundspray auftragen. Die Anwendung kann mehrmals täglich wiederholt werden.

Diese Teemischung hilft dabei, dass Zwischenzehenabszesse abheilen und wunde Pfoten gepflegt werden.

Pfotenbad bei rissigen Pfotenballen und Zwischenzehenabszessen – mit Ringelblume, Schafgarbe und Kamille

Im Winter sind die Pfoten unserer Hunde oft durch trockene Heizungsluft, Streusalz und Eis stark beansprucht. Auch schmerzhafte Zwischenzehenabszesse bereiten häufig langwierige Schmerzen bei jedem Schritt und heilen schwer ab. Ein sanftes Pfotenbad kann Linderung verschaffen und die Regeneration unterstützen. Die Ringelblume wirkt entzündungshemmend, wundheilend und regenerierend, während die Schafgarbe adstringierend wirkt, was besonders bei Zwischenzehenabszessen hilfreich ist und zugleich durchblutungsfördernde, antimikrobielle Eigenschaften mitbringt. Die Kamille rundet die Mischung mit ihrer beruhigenden, entzündungshemmenden und antibakteriellen Wirkung ab.

Zutaten für die Pfotenbad-Mischung:

- 15 g Ringelblumenblüten
- 10 g Schafgarbenkraut
- 10 g Kamillenblüten

Zutaten für den Tee:

- 1–2 TL Teemischung

Zubereitung: Das Pfotenbad wird nach dem Grundrezept zur Teezubereitung auf Seite 63 hergestellt.

Anwendung: Nach dem Abkühlen die Pfoten des Hundes für einige Minuten im lauwarmen Tee baden oder die betroffenen Stellen mit einem sauberen Tuch abtupfen. Du kannst das Pfotenbad auch als Umschlag oder Kompresse auftragen. Anschließend gut abtrocknen.

Im Anschluss kannst du noch ein pflegendes Pfotenbalsam auftragen.

Wundmischung – sanfte Reinigung und Regeneration bei kleinen Wunden und Reizungen

Bei Wunden ist es im ersten Schritt wichtig, diese zu reinigen. Im nächsten Schritt soll die Wundheilung unterstützt werden. Mit dieser Teemischung sorgst du sowohl für eine Reinigung der Wunde als auch für eine gute Basis zur Wundheilung. Die Schafgarbe wirkt hier blutstillend, adstringierend und entzündungshemmend. Ergänzt wird sie durch die Ringelblume, die antimikrobiell und lokal immunstimulierend wirkt und zusätzlich die Zellneubildung unterstützt. Das Gänseblümchen gilt als Wundkraut und wirkt blutstillend, abschwellend und stoffwechselanregend.

Thymian unterstützt die Wundheilung und bringt desinfizierende und antibakterielle Wirkung mit ein. Die Kamille rundet die Mischung mit kühlenden, desinfizierenden und schmerzlindernden Eigenschaften ab. So hast du zugleich eine wirkungsvolle Mischung zur Reinigung von Wunden und gibst zugleich erste Impulse zur Wundheilung.

Welcher Hundemensch kennt es nicht: Auf dem Spaziergang kann es immer mal zu kleineren Verletzungen kommen, die zuhause natürlich gereinigt und versorgt werden wollen. Die Wundmischung ist hierfür perfekt.

Zutaten für die Teemischung:

- 10 g Schafgarbe
- 10 g Ringelblume
- 10 g Gänseblümchen
- 5 g Thymian
- 5 g Kamille

Zutaten für die Teezubereitung:

- 1–2 TL der Teemischung

Zubereitung: Die Teemischung wird nach dem Grundrezept auf Seite 63 zubereitet.

Anwendung: Der lauwarme Tee kann für sanfte Spülungen oder das vorsichtige Betupfen der Haut verwendet werden. Auch als Spray kannst du ihn anwenden. Mehrmals täglich anwendbar, bis sich die Haut sichtbar regeneriert hat.

Juckreiz-Tee – schnelle Hilfe bei Juckreiz durch Allergien, Hot Spots, gereizter Haut & Co.

Wenn Hunde unter Juckreiz aufgrund von Allergien oder Hot Spots leiden, kann diese Teemischung aus hautberuhigenden Pflanzen Linderung bringen. Die Kombination wirkt entzündungshemmend, regenerierend und ausgleichend – besonders wohltuend bei allergischen Reaktionen, Insektenstichen, Ekzemen oder trockener, schuppiger Haut.

Wildes Stiefmütterchenkraut *(Viola tricolor)* enthält Salicylate, Flavonoide, Cumarine und Gerbstoffe, die entzündungshemmend, juckreizstillend und leicht adstringierend wirken und die Hautbarriere stärken.

Ringelblumenblüten unterstützen durch ihre antimikrobielle und wundheilungsfördernde Wirkung die Regeneration strapazierter Haut. Das Gänseblümchenkraut bringt juckreizlindernde, kühlende und beruhigende Eigenschaften mit ein.

Zutaten für die Teemischung:

- 30 g Wildes Stiefmütterchenkraut
- 10 g Ringelblumenblüten
- 10 g Gänseblümchenkraut

Zutaten für die Teezubereitung:

- 1–2 TL der Teemischung

Zubereitung: Der Tee wird nach dem Grundrezept auf Seite 63 zubereitet.

Anwendung: Nach dem Abkühlen auf die betroffenen Hautstellen auftragen, entweder als Waschung durch Auftupfen oder mit einer Kompresse. Auch als Spray kannst du den Tee auftragen.

Wenn der Walnuss-Dekokt länger zieht, verfärbt sich das Wasser sukzessive. In der Anwendung bei nässenden Ekzemen oder Entzündungen zwischen den Ballen lindert er die Beschwerden und fördert die Heilung.

Dekokte

Walnuss-Dekokt – Power gegen Ekzeme, Abszesse & schlecht heilende Wunden

Die Walnussblätter *(Juglans regia)* zählen zu den kraftvollen Pflanzen für die äußerliche Anwendung auf der Haut, ideal bei nässenden Hautausschlägen, Ekzemen, Abszessen in der Abheilung, Entzündungen zwischen den Pfotenballen oder schlecht heilenden Wunden. Walnussblätter enthalten Gerbstoffe (v. a. Gallotannine), Flavonoide, ätherisches Öl und Naphthochinone wie Juglon, die entzündungshemmend, adstringierend, antimikrobiell und juckreizlindernd wirken. Das Walnuss-Dekokt verschafft schnell Linderung und fördert die Regeneration der betroffenen Areale.

Zubereitung: Das Dekokt wird nach der Anleitung auf Seite 64 hergestellt. Anschließend abseihen und auf angenehme Temperatur abkühlen lassen.

Anwendung: Das Dekokt wird äußerlich in Form von Auflagen, als Kompresse oder auch sanftem Auftupfen angewendet. Auch als Spray kannst du es auftragen.

Eichenrinde-Dekokt – bei nässenden, entzündlichen Hautproblemen

Die Rinde der Eiche *(Quercus robur)* wirkt stark adstringierend, antibakteriell und entzündungshemmend. Das Dekokt aus Eichenrinde entfaltet besonders bei Ekzemen, Leckdermatitis, nässenden, schlecht heilenden Wunden oder Zwischenzehenentzündungen seine Wirkung. Verantwortlich für die Wirkung ist vor allem der hohe Gerbstoffgehalt, der zusammenziehend wirkt, den Juckreiz lindert, Keime eindämmt und die Wundheilung beschleunigt.

Zubereitung: Das Dekokt stellst du nach der Anleitung auf Seite 64 her.

Anwendung: Das Dekokt kannst du in Form von Spülungen, Auflagen, Kompressen oder auch als Spray auf die betroffenen Hautareale aufbringen.

Ackerschachtelhalm-Dekokt – ideal zur Narbenpflege

Der Ackerschachtelhalm *(Equisetum arvense)*, auch Zinnkraut genannt, ist eine echte Kraftpflanze, wenn es um die Stärkung und Regeneration des Bindegewebes geht. Besonders bei der Nachbehandlung von Narben, kleinen Wunden oder entzündlicher Haut hat sich ein Dekokt aus dem mineralstoffreichen Kraut bewährt – ideal auch als Spray zur täglichen Pflege. Ackerschachtelhalm enthält große Mengen an Kieselsäure, die die Zellregeneration fördern, das Gewebe kräftigen und die Hautelastizität verbessern. Ergänzt wird dies durch Flavonoide, Kaliumsalze und Saponine, die leicht entzündungshemmend, abschwellend und reinigend wirken.

Zubereitung: Für die Herstellung des Dekoktes folgst du bitte der Anleitung auf Seite 64.

Anwendung: Das Dekokt kann direkt auf die Haut getupft oder gesprüht werden und auch als Kompresse oder Auflage angewendet werden.

Walnuss-Ackerschachtelhalm-Dekokt – Linderung bei juckenden Hautausschlägen & Co.

Diese Dekokt-Mischung aus Walnussblättern und Ackerschachtelhalm vereint zwei kraftvolle Pflanzen zur Anwendung bei allergisch bedingten Hautausschlägen und Juckreiz, Ekzemen und schlecht heilenden Wunden. Die Walnussblätter wirken adstringierend, entzündungshemmend und antimikrobiell – ideal zur Beruhigung gereizter und nässender Hautareale. Der Ackerschachtelhalm unterstützt die Heilung, hemmt die Entzündung und stärkt das Gewebe.

Zubereitung: Das Dekokt erstellst du nach der Anleitung auf Seite 64. Du verwendest zu gleichen Teilen Ackerschachtelhalmkraut und Walnussblätter.

Anwendung: Das Dekokt kannst du durch Auftupfen oder als Spray auf das betroffene Hautareal auftragen. Auch als Auflage oder Kompresse kannst du es anwenden.

In der Kombination eignen sich Walnussblätter und Ackerschachtelhalmkraut, um juckende Hautausschläge zu lindern und nässende Ekzeme und Wunden in der Heilung zu unterstützen.

Rezepturen bei Augenerkrankungen

Das Hundeauge ist ein fein abgestimmtes System: Außen schützen Lidrand, Wimpern, Meibom-Drüsen und die Nickhaut (das „dritte Augenlid"). Die Hornhaut bildet das klare Fenster, dahinter liegen vordere Augenkammer, Iris und Linse. Im Augeninneren regulieren Ziliarkörper und Kammerwasser den Druck. Die Netzhaut fängt das Licht auf, unterstützt vom Tapetum lucidum, das Hunden ihr typisches „Leuchten" im Dunkeln verleiht. Der Tränenfilm besteht aus einer fettreichen Schicht (Meibom), einer wässrigen Schicht (Tränendrüse) und einer Muzinschicht (Becherzellen) – er hält die Hornhaut glatt, befeuchtet und wehrt Keime ab.

Häufig auftretende Augenproblematiken unserer Hunde sind vor allem Reizungen und Entzündungen der Bindehaut (Konjunktivitis), trockene Augen, oberflächliche Keratitiden und Hornhautverletzungen bis hin zum Ulkus. Auch Lidrandprobleme wie Blepharitis, ein „Cherry Eye" (Vorfall der Nickhautdrüse) sowie Fehlstellungen wie Entropium/Ektropium oder eingewachsene Wimpern können auftreten. Mit zunehmendem Alter kommen Linsentrübungen (Katarakt) hinzu. Seltener sind Glaukome, Uveitiden und traumatische Verletzungen.

Typische Anzeichen für Verletzungen sind zum Beispiel plötzliche Rötung, starker Tränenfluss, Lichtscheu, Blinzeln, Schwellungen, Blutung, sichtbare Trübung, Pupillenunregelmäßigkeiten – hier braucht dein Hund umgehend tierärztliche Abklärung.

Die folgenden Rezepturen verstehen sich als sanfte, begleitende Maßnahmen zur Pflege. Grundsätzlich gilt es, bei Augenproblematiken immer sehr vorsichtig zu sein. Die Augen sind empfindlich und ich rate dazu, nicht eigenmächtig zu handeln, sondern immer eine entsprechende Diagnostik durchführen zu lassen und daraufhin zu behandeln und zu begleiten.

Wann und was du selbst behandeln kannst

Ich gebe dir hier eine kleine Auswahl an Rezepturen an die Hand, mit der du beispielsweise bei einer leichten Bindehautentzündung oder tränenden Augen durch (Pollen-)Allergien begleiten und unterstützen kannst oder auch die Augen deines Hundes reinigen kannst, wenn der dazu neigt, immer viel „Schlaf" in den Augen zu haben.

Teezubereitungen

Kompressen und Spülungen mit Tees haben sich hier besonders bewährt, um die Augen mehrmals täglich zu reinigen und zu spülen und so zur Heilung und Schmerzlinderung beizutragen.

Die Zubereitung und Anwendung für alle hier vorgestellten Teezubereitungen lauten wie folgt (außer es ist anders angegeben):

Übergieße die zerkleinerten Pflanzenteile mit 250 ml nicht mehr sprudelndem Wasser und lasse den Tee etwa 10 Minuten zugedeckt ziehen. Das Kondenswasser, das sich am Deckel absetzt, solltest du nach der Ziehzeit in den Tee zurückführen, da sich darin wertvolle Inhaltsstoffe sammeln. Seihe den Tee dann sorgfältig durch einen Kaffeefilter oder Teefilter ab, damit sämtliche Pflanzenteile – auch die kleinsten – komplett herausgefiltert werden.

Die Teezubereitung lässt du dann abkühlen, bis sie lauwarm ist, und kannst mehrmals täglich Kompressen damit auflegen oder die Augen damit vorsichtig reinigen und spülen. Spülungen werden immer vom äußeren zum inneren Augenwinkel angewendet. Achte bitte immer darauf, dass du hygienische Kompressen verwendest. Herkömmliche Handtücher, Küchen- oder Taschentücher sind ungeeignet, da sie „fusseln" und Partikel verlieren und so zu Reizungen und Verunreinigungen führen können.

Fencheltee

Fenchel eignet sich nicht nur hervorragend zur Unterstützung der Verdauung und bei Atemwegserkrankungen, sondern kann auch bei Augenerkrankungen eingesetzt werden. Bei gereizten, trockenen, entzündeten Augen wie etwa durch Heizungsluft oder verklebten Augen etwa durch Zugluft kann Fencheltee helfen, die Augen sanft zu beruhigen.

Fenchel wirkt bei gereizten Augen auf vielfältige Weise wohltuend und unterstützend. Er enthält natürliche Verbindungen mit entzündungshemmender Wirkung, die helfen können, Reizungen und Schwellungen im Gewebe der Augen zu lindern. Gleichzeitig entfaltet Fenchel eine kühlende und beruhigende Wirkung, die bei juckenden oder geröteten Augen spürbare Erleichterung verschaffen kann. Zusätzlich liefern seine antioxidativen Inhaltsstoffe wertvollen Zellschutz, indem sie freie Radikale neutralisieren und so die empfindlichen Strukturen im Augenbereich vor weiteren Reizungen bewahren.

Zutaten:
- 1–2 TL getr. Fenchelsamen

Besonderheiten bei der Zubereitung:
Zerquetsche die Fenchelsamen sorgfältig, bevor du sie mit Wasser übergießt.

Augentrosttee

Augentrost *(Euphrasia officinalis)* ist eine Pflanze, die traditionell bei Augenbeschwerden eingesetzt wird – daher auch der Name. Klassischerweise wird er etwa bei akuten und chronischen Bindehautentzündungen, verklebten Augen, Gerstenkorn, Lidrandentzündungen, trockenen, gereizten oder geröteten Augen, allergiebedingten Augenreizungen und Augenentzündung durch Fremdkörper eingesetzt.

Augentrost wirkt auf vielfältige Weise wohltuend bei gereizten oder entzündeten Augen. Er besitzt entzündungshemmende, antibakterielle Eigenschaften, die helfen, Rötungen, Reizungen und Schwellungen sanft zu lindern. Durch seine adstringierende Wirkung zieht er das Gewebe leicht zusammen, wodurch übermäßiger Tränenfluss oder Schleim reduziert werden können. Gleichzeitig wirkt Augentrost beruhigend auf die empfindliche Bindehaut und die Augenlider und verschafft so spürbare Erleichterung bei Unwohlsein oder Juckreiz.

Zutaten:

- 1–2 TL Augentrostkraut

Euphrasia, eine klassische Pflanze, die in keiner Hausapotheke zur Begleitung bei Bindehautentzündung und Co. fehlen sollte. Als Tee kann sie schnell für die lokale Anwendung zubereitet werden.

Kamillentee

Kamille (besonders die echte Kamille, *Matricaria chamomilla*) wird traditionell bei Augenerkrankungen wie zum Beispiel leichter Bindehautentzündung, gereizten, trockenen oder geröteten Augen eingesetzt. Aber auch zur regelmäßigen Reinigung der Augen kann der Augentrost gut genutzt werden.

Die in der Kamille enthaltenen Wirkstoffe wirken entzündungshemmend und helfen, Reizungen und Schwellungen im empfindlichen Augenbereich zu reduzieren. Darüber hinaus besitzt Kamille antibakterielle und antivirale Eigenschaften, die dazu beitragen können, krankmachende Keime zu bekämpfen und Infektionen vorzubeugen. Ihre insgesamt beruhigende Wirkung unterstützt die Regeneration der Schleimhäute und lindert Beschwerden wie Juckreiz, Brennen oder ein unangenehmes Trockenheitsgefühl auf natürliche Weise.

Echinacea ist bekannt für ihre immunstimulierende Wirkung. Die können wir uns auch lokal und topisch angewendet zunutze machen.

Achtung: Kamillentee aus dem Beutel ist nicht geeignet, da hier das Risiko von Verunreinigungen gegeben ist, die zu Reizungen führen können. Verwende am besten Kamillenblüten in Arzneiqualität aus der Apotheke.

Zutaten:

- 1–2 TL Kamillenblüten

Echinaceatee

Echinacea (auch Sonnenhut, meist *Echinacea purpurea*) ist vor allem für ihre immunsystemstärkende Wirkung bekannt. Das können wir uns auch als lokale Immunstimulanz bei Augenerkrankungen zunutze machen. Sie wird eingesetzt zum Beispiel bei entzündlichen, wiederkehrenden Bindehautentzündungen, geschwächter Abwehrlage, zum Beispiel bei häufigen Infekten oder Allergien, die die Augen betreffen.

Echinacea wirkt immunstimulierend, indem sie körpereigene Abwehrzellen aktiviert – ein Effekt, der unter anderem den enthaltenen Polyinen, Alkamiden, Polysacchariden und Kaffeesäurederivaten (zum Beispiel Cichoriensäure) zugeschrieben wird. Diese Stoffe fördern die Aktivität von Makrophagen und anderen Immunzellen, was auch bei lokaler Anwendung hilfreich sein kann. Darüber hinaus besitzt Echinacea eine entzündungshemmende Wirkung, die systemisch Entzündungsprozesse regulieren kann. Ihre antiviralen und antibakteriellen Eigenschaften unterstützen den Körper zusätzlich lokal im Kampf gegen Krankheitserreger, wie sie etwa bei Bindehautentzündungen auftreten.

Zutaten:

- 1–2 TL Echinaceakraut

Hinweis: Nicht bei Autoimmunerkrankungen, gleichzeitiger Gabe von Immunsuppressiva oder Allergie gegen Korbblütler anwenden. Echinacea darf grundsätzlich nur kurweise angewendet werden (5–7 Tage am Stück).

Ringelblumentee

Die Ringelblume ist vor allem bekannt zur Anwendung auf der Haut. Doch auch bei Augenerkrankungen kann sie als Teezubereitung Linderung verschaffen. Sie eignet sich zum Beispiel bei Lidrandentzündungen, Gerstenkorn, Bindehautentzündung und zur Begleitpflege bei Reizungen durch Wind, Staub oder Allergien. Auch zur Reinigung der Augen kannst du sie nutzen.

Die Ringelblume wirkt bei Augenbeschwerden auf sanfte, aber effektive Weise und ist besonders für ihre entzündungshemmenden, beruhigenden Eigenschaften bekannt. Ihre entzündungshemmende Wirkung, die auf Inhaltsstoffe wie zum Beispiel Flavonoide, Triterpensaponine, Carotinoide und ätherisches Öl zurückzuführen ist, hilft dabei, Reizungen der Bindehaut und Augenlider sowie Schwellungen zu lindern. Gleichzeitig fördert die Ringelblume dank ihrer wundheilungsfördernden Substanzen die Regeneration bei kleinen Verletzungen oder Reizungen des Auges und wirkt lokal immunstimulierend. Ihre sanfte antibakterielle und antivirale Wirkung unterstützt zusätzlich bei leichten Infektionen durch Umweltkeime. Insgesamt wirkt die Ringelblume auch beruhigend und lindert Juckreiz.

Zutaten:

- 1–2 TL frische oder getrocknete Blütenzungen der Ringelblume

Extratipp:

Keine Kräuter zuhause und du brauchst schnelle Abhilfe? Schwarzen Tee kannst du bei Augenproblemen hervorragend einsetzen. Hierzu nimmst du einfach 1 TL schwarzen Tee, übergießt ihn mit kochendem Wasser, lässt ihn 3-5 Minuten ziehen. Gieße ihn dann durch einen Kaffee- oder Teefilter ab und lasse ihn abkühlen, bis er lauwarm ist. Nun kannst du ihn wie die anderen Tees anwenden. Besonders bewährt hat sich die wechselweise Anwendung mit Augentrosttee, zum Beispiel morgens Augentrost, abends Schwarztee.

Hydrolate

Ich möchte dir an dieser Stelle als Alternative zu den Teezubereitungen gerne noch Hydrolate vorstellen. Hydrolate, auch Pflanzenwässer genannt, entstehen bei der Wasserdampfdestillation von Pflanzenteilen wie Blüten, Blättern oder Rinden. Dabei fallen sie oft als Nebenprodukt bei der Herstellung ätherischer Öle an – manchmal werden sie aber auch gezielt für sich selbst gewonnen. Hydrolate enthalten die wasserlöslichen Inhaltsstoffe der Pflanze und in ganz kleinen Mengen auch ätherisches Öl. Sie sind dadurch viel milder als ätherische Öle und können sehr vielseitig eingesetzt werden.

Hydrolate kannst du natürlich fertig kaufen, aber auch mit einem DIY-Verfahren unkompliziert zuhause selbst herstellen. Die Hydrolate sind dann nicht so fein wie die sorgfältig und schonend hergestellten kaufbaren Hydrolate, aber das Ergebnis ist durchaus gut.

Pflanzenhydrolat mit einem Espressokocher herstellen – DIY-Destille für zuhause

Ein Espressokocher arbeitet mit Wasserdampf und Druck. Beim Erhitzen steigt der Dampf durch die Pflanzen nach oben, nimmt dabei flüchtige Pflanzenstoffe und Wasseranteile mit und kondensiert im oberen Teil wieder – dort kannst du das Hydrolat (Pflanzenwasser) auffangen.

Du brauchst:
- 1 Espressokocher
- Frische oder getrocknete Pflanzenteile

Die Schritt-für-Schritt-Anleitung:

Befülle den unteren Teil des Kochers bis unter das Ventil mit Wasser. Gib dann in den Metallsieb-Einsatz die Pflanzenteile, die du gut zerkleinert hast. Der Einsatz sollte gut gefüllt, aber nicht zu stark gestopft sein.

Erhitze den Espressokocher bei mittlerer Hitze – sobald das Wasser kocht, steigt Dampf auf, durchdringt die Pflanzenteile und kondensiert als Hydrolat im Schälchen.

Sobald kein Dampf mehr kommt, stellst du die Hitze ab. Fülle das fertige Hydrolat dann in ein steriles, möglichst dunkles Fläschchen. Im Kühlschrank aufbewahrt, hält das so gewonnene Hydrolat für etwa 1–2 Wochen.

Alle oben vorgestellten Teezubereitungen kannst du auch als Hydrolat anwenden. Ihre Wirkweise entspricht der des Tees, ist aber etwas konzentrierter.

Kaltwasserauszüge

Malvenblüten-Kaltauszug

Malven enthalten in ihren Blüten viele Schleimstoffe. Diese sind nicht nur hilfreich bei Magen- und Darmerkrankungen, Ekzemen oder Reizhusten, sondern auch bei Augenproblemen. Malvenblüten werden bei gereizten, trockenen oder entzündeten Augen eingesetzt, wie etwa bei Bindehautentzündungen oder Allergien.

Die schleimhautschützenden Eigenschaften der Malve sorgen nicht nur für eine spürbare Beruhigung, sondern unterstützen auch die Regeneration. Gleichzeitig wirkt die Malve entzündungshemmend.

Zubereitung und Anwendung:

Zutaten:

- 1–2 TL Malvenblüten, frisch oder alternativ getrocknet

Du gibst die zerkleinerten Malvenblüten in etwa 150–200 ml kaltes Wasser (etwa im Verhältnis 1:5). Lasse den Auszug dann mindestens 2 Stunden (besser 4–6 Stunden oder sogar über Nacht) zugedeckt ziehen und rühre ihn gelegentlich um. Filtere den Kaltauszug danach durch einen Kaffeefilter. Der Kaltauszug ist im Kühlschrank 1–2 Tage haltbar für Anwendungen am Auge.

Du kannst den Malvenauszug dann mehrmals täglich als Kompresse oder Spülung anwenden.

teil 4

Anhang

Zum Schluss

Das Schreiben dieses Buches hat mich nahezu über das gesamte Jahr 2025 begleitet. Ein ganzes Kräuterjahr von den ersten sprießenden kleinen Pflänzchen bis hin zu dem Moment, wo sich die Natur im Spätherbst wieder in die Ruhe- und Erholungsphase begibt. Ein ganzer Jahreszyklus also.

Ich möchte mit diesem Buch sinnbildlich genau das interessierten Hundemenschen an die Hand geben: eine Naturapotheke, Rezepturen und Wissen, mit dem sie ihre Hunde das ganze Jahr und ja, ein Hundeleben lang begleiten können. Von den ersten tapsigen Junghundschritten bis hin ins hohe Alter. Ein Ratgeber, den du für viele gesundheitliche Themen, die in einem Hundeleben auftauchen, immer wieder zur Hand nehmen kannst, um zu begleiten, zu unterstützen und zu pflegen. Mit der Intention, dass du dich traust, Zubereitungen selbst herzustellen. Immer begleitet von dem nötigen und wichtigen Wissen rund um die natürlichen Helfer, die du anwendest.

In diesem Jahr, in dem ich dieses Buch geschrieben habe, ist meine liebe Tessa stolze 15 Jahre alt geworden. Anfang des Jahres wurden wir ordentlich durchgeschüttelt, als sie an einem Vestibularsyndrom erkrankte. Hiervon hat sie sich erfreulicherweise wieder sehr gut erholt. Auch ihre Niereninsuffizienz haben wir seit der Diagnose im Februar 2024 sehr stabil im Griff. Ihr Herzchen läuft wie ein Uhrwerk. Sie ist für ihr Alter immer noch fit, wir genießen gemeinsame Wanderungen und mehrmals täglich stromert sie freudig über unsere Wiesen. Tessa auch beim Schreiben dieses Buches an meiner Seite zu haben, ist für mich ein wunderbares Geschenk.

Ich unterstütze Tessa schon seit vielen Jahren immer passend zu ihren gesundheitlichen Bedürfnissen mit Kräutern und Vitalpilzen. Dies tue ich nicht nur im Krankheitsfall, sondern auch vorbeugend, wie etwa für ihr Herz, die Gehirnfunktion und den Bewegungsapparat. Mir geht das Herz auf und ich bin erfüllt von Dankbarkeit, sie so voller Lebensfreude und -kraft zu sehen, und ich möchte dir mit diesem Buch Wissen an die Hand geben, damit auch dein Hund durch deine natürliche Unterstützung gesundheitlich profitieren kann.

Das Wissen um die Wirkung von Pflanzen ist Jahrtausende alt und wissenschaftlich belegt. Seit einigen Jahren berufen die Menschen sich erfreulicherweise wieder mehr auf die Naturheilkunde und vertrauen darauf – auch für ihre Hunde. Ich hoffe, dass ich dich mit diesem Buch dafür begeistere, Zubereitungen aus Kräutern herzustellen und du mit Freude die Gesundheit deines Hundes unterstützt.

Über die Autorin

Martina lebt mit ihrem Mann, Tessa, ihren Katzen, Schafen und Hühnern im Münsterland. Die Natur und das Arbeiten mit Tieren sind für sie ihre Berufung und untrennbar miteinander verbunden. Dabei ist die Hundegesundheit Dreh- und Angelpunkt ihrer Arbeit.

2010 machte sie mit der Eröffnung ihrer Praxis für Hundephysiotherapie ihre Berufung zum Beruf. Ihre Hündin Tessa und auch die mittlerweile verstorbene Snowy haben sie hier vom ersten Moment als fester Teil des „Teams" begleitet. Anfang 2016 gründete Martina Doggy Fitness – eine Online-Gesundheitsplattform, auf der sie auf ihrem Blog und in Online-Kursen ihr Wissen rund um die Hundegesundheit teilt. Wissenschaftlich fundiert und dennoch greifbar und umsetzbar.

Über die Jahre hin hat Martina sich neben unterschiedlichen Aus- und Weiterbildungen im Bereich der Hundephysiotherapie auch in der Kräuterheilkunde, der Vitalpilzkunde und Labordiagnostik umfassend weitergebildet und ist auch als Dozentin für Mykotherapie tätig. Ihr eigenes Herzensthema und Arbeitsschwerpunkt ist die gesundheitliche Begleitung und Unterstützung älterer Hunde.

Martinas Motivation ist es, dass interessierte Hundemenschen mit fundiertem Wissen die Gesundheit ihrer Hunde selbst aktiv unterstützen. Sei es mit Hundefitness- und Bewegungstraining, Massagen oder naturheilkundlich mit Kräutern und Vitalpilzen.

Mit tief verwurzeltem Kräuterwissen wissenschaftlich fundiert zu arbeiten und die Hundegesundheit damit zu unterstützen, ist für Martina eine Berufung, die sie lebt.

Danksagung

Das Schreiben dieses Buches war eine intensive Reise. Über ein Thema zu schreiben, das mich so unglaublich begeistert, hätte mich noch ewig weiterschreiben lassen können. Unzählige Stunden habe ich nicht nur geschrieben, sondern auch recherchiert, Studien gelesen, verglichen, hinterfragt. Schlussendlich hat es meine Begeisterung für Kräuter und ihre Zubereitungen nur noch weiter gesteigert.

Danke von Herzen an den Kynos Verlag für das Vertrauen und die Möglichkeit, dieses Buch zu schreiben.

Ein herzlicher Dank gilt auch dir, dass du dir die Zeit nimmst, dieses Buch zu lesen und du die Gesundheit deines Hundes begleiten möchtest. Ich bin mir sicher, wenn du die erste Tinktur angesetzt, das erste Balsam hergestellt hast, wenn du spürst, dass es deinem Hund guttut, wirst du ein bisschen von meiner „Kräuter-Begeisterung" spüren.

Von Herzen danke an meine beste Freundin Manuela, die mich auch bei diesem Buch wieder unterstützt hat. Sei es beim Fotoshooting, im fachlichen Austausch und auch „moralisch", wenn ich gezweifelt habe. Du bist einfach immer da. Danke dafür.

Auch bei der lieben Anna Auerbach möchte ich mich bedanken. Sie begleitet nicht nur Tessa nun schon seit einigen Jahren fotografisch, auch meine Bücher werden durch ihre Bilder so bereichert.

Danke auch an das Lektorat und all die lieben Menschen, die im Hintergrund die Entstehung meines Buches unterstützt haben.

Bedanken möchte ich mich auch bei meinen Kursteilnehmern und Lesern des Blogs. Eure Fragen, Bedürfnisse und der Austausch mit euch sind für mich immer wieder Motivation und Inspiration.

Ein besonderer Dank geht an meinen Mann, der mir auch in dieser Phase des Schreibens den Rücken freigehalten hat, mir Ruhe gibt und mich Gott sei Dank mit regelmäßigen Mahlzeiten versorgt hat.

Danke aus tiefstem Herzen an meine Gefährtin Tessa. Du begleitest mich nun schon so lange und bist meine größte Motivation und Inspiration. Unsere gemeinsamen Spaziergänge, Wanderungen und Streifzüge durch die Natur geben mir so viel Kraft, Freude und Energie. Mit dir unterwegs in der Natur fühle ich mich vollkommen. Wann ist aus diesem kleinen Wildfang eigentlich dieses wunderbar weise Hundemädchen geworden? Auch wenn du immer noch herumkasperst und dir der Schalk aus den Augen blitzt. Ich hätte nie gedacht, dass es so eine tiefe Verbundenheit geben kann.

Auch in diesem Buch ist Tessa ein wichtiger Teil für mich. Immer an meiner Seite, während ich schreibe, und auch den Fototermin und die damit verbundene Reise haben wir gemeinsam erlebt – auch wenn sie im Buch nicht so oft zu sehen ist.

Danke für dein Vertrauen und dass es dich gibt, Tessa.

Danke an alle Menschen, die mich in der Entstehungsphase dieses Buches begleitet haben.

Eure Martina

Sammelkalender für Heilpflanzen

Als Extra-Service findest du zu allen in diesem Buch vorkommenden Heilpflanzen eine Übersicht zu bestem Sammel-oder Erntezeitpunkt, Inhaltsstoffen, Wirkweise und Anwendung noch einmal alphabetisch sortiert im 64-seitigen „Minilexikon Heilpflanzen – Naturapotheke Hund“, das du unter nebenstehendem QR-Code oder diesem Link herunterladen kannst:
https://www.hundebuchshop.com/Minilexikon-Heilpflanzen.htm

Der Sammelkalender unten ist ein Auszug daraus.

	Heilpflanze / botanischer Name	Optimale Erntezeit
	Ackerschachtelhalm *(Equisetum arvense)*	Ernte von Mai bis Juli
	Anis *(Pimpinella anisum)*	Wenn die Dolden und Samen eine hellbraune Färbung annehmen und die ersten Samen in den Dolden leise rascheln. Dies geschieht meist zwischen August und September.
	Andorn	Ernte des oberen blühendes Krauts von Juni bis September (In Teilen Europas unter Naturschutz)
	Arnika *(Arnica montana)*	Ernte der Blüten zwischen Juni und August in der vollen Blüte, Achtung: die Pflanze steht unter Naturschutz!
	Augentrost *(Euphrasia officinalis)*	Ernte von Juli bis Oktober
	Baldrian *(Valeriana oficinalis)*	im Spätherbst (Oktober) oder im Frühling vor dem Austrieb (März)
	Bärentraube *(Arctostaphylos uva-ursi)*	Ernte im September. Teilweise steht die Bärentraube unter Naturschutz
	Beinwell *(Symphytum officinale)*	Ernte der Blätter April bis Juli, Ernte der Wurzel Februar bis April und Oktober
	Birke *(Betula sec.)*	Mai und Juni, die jungen Blätter
	Blutwurz *(Potentilla ercecta)*	im Spätherbst (Oktober) oder Frühjahr (März)

Heimisch *Kultivierbar* *Naturschutz*

	Heilpflanze / botanischer Name	Optimale Erntezeit
	Brennnessel *(Urtica urens)*	Ernte der Blätter Februar bis Juli, Triebspitzen von März bis August, Samen Juli bis Oktober, Wurzel im Spätherbst (Oktober)
	Brombeere *(Rubus fruticosus agg.)*	April bis November
	Echinacea / Sonnenhut *(Echinacea purpurea)*	Ernte im ersten Jahr zur Vollblüte im September, Wurzel Ernte im Oktober oder Frühling während der Vegetationsruhe
	Eibisch *(Althea, oficinalis)*	Oktober bis März, Blätter und Blüten Juni bis August
	Eiche *(Quercus robur/petraea)*	Frühjahr
	Engelwurz *(Angelica archangelica)*	im zweiten Standjahr kurz vor der Blüte
	Fenchel *(Foeniculum vulgare)*	August und September
	Gänseblümchen *(Bellis perennis)*	März bis September
	Gänsefingerkraut *(Potentilla anserina)*	Mai bis August
	Goldrute *(Solidago virgaurea)*	Juli bis Oktober
	Gundermann *(Glechoma hederacea)*	Ernte im April vor der Blüte
	Hirtentäschel *(Capsella bursa-pastoris)*	Mai bis August
	Holunder *(Sambucus nigra)*	Juni und Juli
	Hopfen	Ende August bis Mitte September der weiblichen Blütenstände
	Huflattich *(Tussilago farfara)*	Mai bis Juli
	Johanniskraut *(Hypericum perforatum)*	Juni bis September
	Kamille *(Matricaria chamomilla)*	Mai bis Juli
	Kapuzinerkresse *(Tropaeolum majus)*	Mai bis Oktober
	Königskerze *(Verbascum thapsus)*	Ernte zwischen Juni und September

	Heilpflanze / botanischer Name	Optimale Erntezeit
	Kümmel *(Carum carvi)*	Juli und August
	Lavendel *(Lavandula angustifolia)*	Ernte in der vollen Blüte etwa ab Mitte Juli bis Mitte August
	Liebstöckel *(Levisticum officinale)*	Mai bis Juli
	Linde *(Tilia cordata/platyphyllos)*	Juni und Juli
	Löwenzahn *(Taraxacum officinale)*	Ernte der Blätter und Blüten April bis September, Wurzel März (bitter) und Oktober (durch Inulin süßlich-mild)
	Malve *(Malva sylvestris)*	Ernte zwischen Mai und September
	Mariendistel *(Silybum marianum)*	August und September
	Mädesüß *(Filipendula ulmaria)*	Ernte des Krauts zwischen Juni und August, Ernte der Wurzel zwischen Oktober und Februar
	Melisse *(Melissa officinalis)*	Juni
	Passionsblume *(Passiflora incarnata)*	Mai bis September
	Petersilie	Januar bis November
	Pfefferminze *(Mentha × piperita)*	Juni und Juli
	Ringelblume *(Calendula officinalis)*	Juni bis Oktober
	Salbei *(Salvia officinalis)*	Mai bis September
	Schafgarbe *(Achillea millefolium)*	Juli bis Oktober
	Spitzwegerich *(Plantago lanceolata)*	Mai bis September
	Stiefmütterchen, Wild *(Viola tricolor)*	Mai bis August
	Süßholz *(Glycyrrhiza glabra)*	Spätherbst bis Winter bei mindestens 3-4jährigen Pflanzen
	Taigawurzel *(Eleutherococcus senticosus)*	Ernte der Wurzel ab dem dritten Standjahr während der Vegetationsruhe im Spätherbst oder Frühjahr

	Heilpflanze / botanischer Name	Optimale Erntezeit
	Tausendgüldenkraut *(Centaurium erythraea)*	steht unter Naturschutz, darf nicht gesammelt werden
	Teufelskralle *(Harpagophytum procumbens)*	Ernte nach der Blüte in der Ruhezeit zwischen Januar und März
	Thymian *(Thymus vulgaris)*	Mai bis September
	Tulsi	Mai/Juni bis Oktober
	Vogelmiere *(Stellaria media)*	ganzjährig
	Walnuss *(Juglans regia)*	Ernte im Mai bis August
	Wasserdost *(Eupatorium perfoliatum)*	Juli bis September
	Weide *(Salix alba)*	Ernte im Frühjahr von 2–5-jährigen Bäumen
	Weihrauch *(Boswellia serrata)*	März und April
	Weißdorn *(Crataegus monogyna/laevigata)*	Blätter und Blüten Mai und Juni, Früchte Juli und August
	Wilde Karde *(Dipsacus fullonum)*	Ernte im 1. Jahr im Herbst
	Zistrose	Mai bis September

Literatur

Aichberger, L. et al. (2019): Kräuter für Nutz- und Heimtiere

Brendieck-Worm, C. et al. (2018): Heilende Kräuter für Tiere

Brendieck-Worm, C. et al. (2021): Phytotherapie in der Tiermedizin

Habermehl, G. et al. (2006): Giftpflanzen und Intoxikationen in der tierärztlichen Praxis (zweite Auflage)

Kalbermatten, R. (2008): Wesen und Signatur der Heilpflanzen (2. Auflage)

Magel, H. et al. (2007): 180 westliche Kräuter in der Chinesischen Medizin

Nadig, A. (2016): Heilpflanzen für Hunde

Nusser, G. (2011): Kräuter für den Hund

Pahlow, M. (2006): Das große Buch der Heilpflanzen

Pawletko, P. (2017): Heilsalben für Hunde

Pawletko, P. (2017): Heilpflanzen für Tiere (2. Auflage)

Puhle, A. et al. (2012): Heilpflanzen für die Gesundheit

Reichling, J. et al. (2008): Heilpflanzenkunde für Tierärzte (2. Auflage)

Schlicher, H. et al. (2016): Leitfaden Phytotherapie (5. Auflage)

Storl, W. D. (2004): Heilkräuter und Zauberpflanzen

Willfort, R. (2001): Gesundheit durch Heilkräuter

Wynn, S. G. et al. (2007): Veterinary herbal medicine

Index

A

B

C

D

E

F

G

L

M

N

O

P

Q

R

S

T

U

V

W

Z

Weitere Bücher, die Dich interessieren könnten: